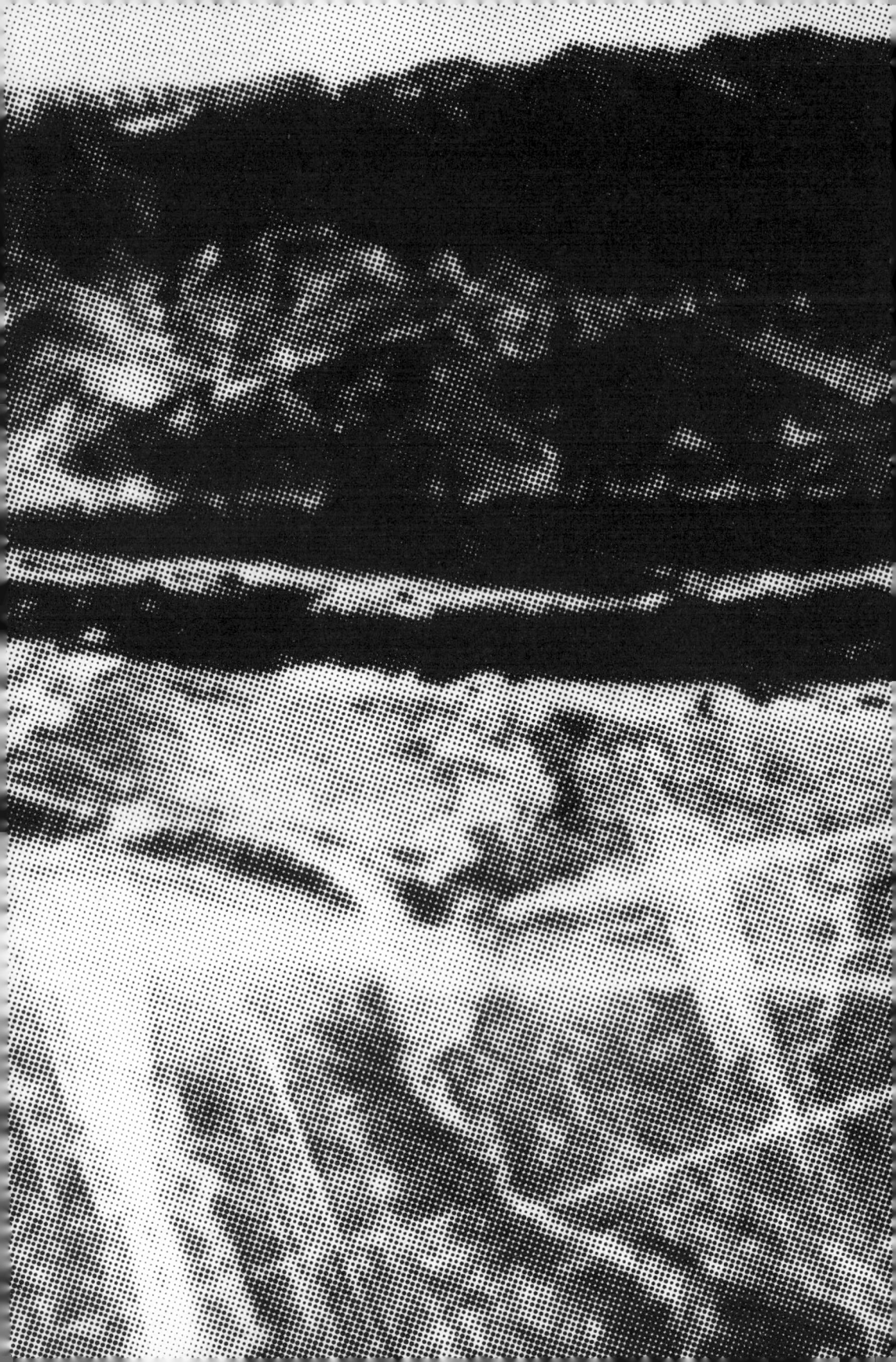

ERAM OS DEUSES ASTRONAUTAS?

ERAM OS DEUSES ASTRONAUTAS?

ERICH VON DÄNIKEN

Tradução de E. G. Kalmus

 Editora **Melhoramentos**

Dados Internacionais de Catalogação na Publicação (CIP)
(Câmara Brasileira do Livro, SP, Brasil)

Däniken, Erich von
  Eram os deuses astronautas? / Erich von Däniken; [tradução
E. G. Kalmus]. – 7. ed. – São Paulo: Editora Melhoramentos, 2022.

  Título original: Erinnerungen an Die Zukunft
  ISBN 978-65-5539-397-2

  1. Civilização antiga - Influências extraterrestres 2. Curiosidades
e maravilhas 3. Viagens interplanetárias I. Título.

22-103387   CDD-001.942

Índices para catálogo sistemático:
  1. Civilização antiga: Influências extraterrestres 001.942

Cibele Maria Dias – Bibliotecária – CRB-8/9427

Título original em alemão: *Erinnerungen an die Zukunft*
© 1968 Econ-Verlag GmbH, Düsseldorf e Viena

Tradução: E. G. Kalmus
Tradução do prefácio: Renata Tufano
Capa: Túlio Cerquize
Projeto gráfico e diagramação: Carla Almeida Freire
Revisão: Elisabete Franczak Branco

7.ª edição, 3.ª impressão, julho de 2024
ISBN: 978-65-5539-397-2

Atendimento ao consumidor:
Caixa Postal 169 – CEP 01031-970
São Paulo – SP – Brasil
www.editoramelhoramentos.com.br
sac@melhoramentos.com.br

Siga a Editora Melhoramentos nas redes sociais:
🇫🅾 /editoramelhoramentos

Impresso no Brasil

Sumário

Prefácio para a edição comemorativa do 50º aniversário da obra

ERICH VON DÄNIKEN

2015

Desde a publicação de *Eram os deuses astronautas?*, em fevereiro de 1968, pessoas ao redor do mundo me perguntam como este livro surgiu e de onde eu tirei essas ideias "loucas". A história é a seguinte.

Venho de uma família suíça profundamente católica, e meu pai considerava importante que eu recebesse uma educação teológica. Assim, quando fiz 16 anos, ele me colocou no Colégio St. Michel, em Friburgo, na Suíça. Era um internato dirigido por jesuítas. Deus, na visão que eu tinha naquela época, era algo grandioso, porém obscuro: e é assim que permanece até hoje. No entanto, pensei que Deus – *quem* ou *o que* isso realmente era – tinha que ser constituído por alguns requisitos mínimos. O verdadeiro Deus tinha que ser totalmente isento de erros: Deus não pode fazer nada errado. Ele tinha que ser onipresente e não precisaria de um veículo que o levasse do ponto A ao ponto B. E, além disso, Deus tinha que ser atemporal. Uma criatura que teve que realizar experimentos e, posteriormente, esperar para ver como esses experimentos se sairiam, não poderia ser Deus. Esses eram os pensamentos que ocupavam a mente confusa do jovem de 16 anos.

Durante os cursos de teologia, tínhamos que traduzir textos da Bíblia – muitas vezes do grego antigo ou do latim para o alemão. E foi aí que o sofrimento começou. O Deus do Antigo Testamento usava veículos para suas visitas terrenas. Esses eram frequentemente descritos como "fumaça, fogo, terremotos, barulho". "Anjos caídos" ou "Filhos de Deus" desceram do céu para fazer sexo com lindas filhas humanas – conforme descrito no Primeiro Livro de Moisés. O Deus bíblico realizou experimentos sem saber o resultado e, ainda pior, errou muitas vezes. Primeiro, Ele criou o homem e viu que "era bom". Mais tarde, porém, sentiu remorso de Sua criação e ficou profundamente perturbado com isso. Assim, decidiu que toda a raça humana deveria morrer afogada, com exceção de Noé e sua família.

Que tipo de Deus é esse? Dúvidas sobre minha própria religião começaram a me atormentar e eu quis saber se em outras culturas mais antigas as histórias sobre seus deuses eram semelhantes às nossas crenças judaico-cristãs. Por muitos anos, mergulhei profundamente na história da criação de outras religiões. E eis que percebi, nas narrativas dos indianos, dos tibetanos, dos egípcios, dos incas, maias e astecas, que todos os seus deuses haviam descido das abóbadas do céu através de fumaça, fogo, terremotos e barulho. E foi nessa hora que nasceu *Eram os deuses astronautas?*.

Depois de cinco anos no colégio jesuíta, fui atraído pela gastronomia. Na verdade, não foi nenhuma surpresa, pois minha avó era responsável por um hotel-restaurante e a gastronomia suíça tinha uma boa reputação internacional. Trabalhei como garçom, chef, *barman* e recepcionista, e estudei na escola de administração hoteleira. Durante todos os meus anos de hotelaria, trabalhei intensamente em meu hobby: a busca pela origem dos deuses. Devorei um grande número de trabalhos arqueológicos e teológicos; viajei bastante; visitei locais de escavação e templos em muitos países distantes. Escrevi pequenos artigos sobre minha pesquisa e tive o prazer de publicá-los em várias revistas. Então, em 8 de dezembro de 1964, o jornal alemão-canadense *Der Nordwesten* (localizado em Winnipeg) publicou um artigo meu numa página inteira, intitulado: "Nossos antepassados receberam visitantes do Universo?".

Paralelamente ao meu hobby, minha carreira profissional começou a decolar, e em 1966 tornei-me diretor de um hotel de primeira classe em Davos, na Suíça. Durante a tarde, sentei-me em uma pequena sala e datilografei um manuscrito que mais tarde se tornaria um best-seller mundial.

Antes que isso pudesse acontecer, porém, surgiram algumas dificuldades. Enviei o manuscrito para cerca de 25 editoras. Todas elas o recusaram. Cartas chegavam regularmente à minha mesa com os comentários de sempre: "Com pesar...", "não é adequado para nossa editora...", "muito especulativo...", "antirreligioso..." etc. Eu sabia que estava sentado no topo de um vulcão, mas ninguém parecia interessado.

Um dos meus hóspedes no hotel era o Dr. Thomas von Randow, editor de ciência da revista semanal alemã *Die Zeit*. Conversávamos com bastante frequência no bar sobre meu livro e ele acabou ligando para um editor alemão que conhecia havia anos. O homem era editor-chefe da Econ Publishing Company, em Düsseldorf. Ele achou interessante fazer um teste com meu livro, numa pequena tiragem de cerca de 2 mil exemplares. Em fevereiro de 1968, *Eram os deuses astronautas?* fez sua estreia.

A revista semanal suíça *Die Weltwoche* decidiu imprimir trechos do livro, e isso acabou virando uma avalanche. Em poucas semanas, mais de 20 mil exemplares do livro foram vendidos na Suíça. O sucesso passou para a Alemanha e a Áustria. Dentro de um ano de sua primeira aparição, a Econ imprimiu sua 30ª impressão com um total de 800 mil cópias. Mês após mês, o livro ganhava traduções. O *New York Times* escreveu que um novo vírus – "Dänikenitis" – tinha aparecido como numa erupção.

Com a onda de sucesso, vieram as críticas dos críticos. Como uma tempestade num dia quente, uma série de "antilivros" começou a brotar da terra. Entre eles, algumas monstruosidades. Obviamente, há alguns erros em *Eram os deuses astronautas?*. Um jovem autor pode ser entusiasmado e crédulo. Falta autocrítica. Frequentemente, aceita-se a opinião de outros, também de livros científicos, apenas para saber, posteriormente, que até mesmo algumas ideias de cientistas altamente reconhecidos haviam sido refutadas. Ou alguém é levado a acreditar em um guia de turismo, que parecia entender do que estava falando, ao fazer uma viagem, apenas para saber um ano depois que suas informações sobre determinada ruína eram um total absurdo.

Assim, cheguei a escrever em *Eram os deuses astronautas?* sobre a Ilha Elefantine, perto de Aswan, no Egito, cujo nome seria devido ao formato da ilha, que lembrava os contornos dos elefantes vistos do ar. Essa explicação me foi dada naquele local. Na verdade, o nome surgiu porque os elefantes costumavam pastar lá. Também escrevi sobre um pilar que ficava em um templo em Delhi, na Índia, que era feito de um metal desconhecido. Os guias do templo me disseram naquela época que ele não enferrujava. "Será que esse pilar tinha sido feito a partir de uma liga extraterrestre?", perguntei em *Eram os deuses astronautas?*. Enquanto isso, aquela porcaria estava cada vez mais enferrujada.

Apesar de alguns dados errôneos, nenhum pilar do meu "*think tank*" foi derrubado. E aqui está o que os críticos muitas vezes ignoram: em *Eram os deuses astronautas?* há 323 pontos de interrogação. Perguntas são o oposto de afirmações.

Desde 1969, numerosos filmes e programas de televisão foram produzidos com base na minha visão sobre a história primitiva da humanidade. Outras pessoas adotaram esse tema e escreveram livros sobre os "deuses" extraterrestres – entre eles cientistas em suas respectivas disciplinas. E, desde 2012, o canal History tem veiculado uma série chamada *Alienígenas do passado*, que agora tem 100 episódios nos Estados Unidos.

Depois de *Eram os deuses astronautas?*, escrevi outros 32 livros de não ficção. Em cada um desses livros, há a mesma pergunta: nossos antepassados recebiam visitantes do espaço sideral? Eram os deuses antigos realmente astronautas alienígenas?

Hoje, aos 80 anos, sei definitivamente que a Terra, nossa casa, foi visitada por extraterrestres em um passado distante. Também sei que aqueles visitantes prometeram aos nossos antepassados que retornariam à Terra. Eles retornarão – então é melhor a humanidade aceitar essa ideia.

E tudo isso começou com as dúvidas religiosas de um menino num colégio católico jesuíta.

14 de agosto de 2015

Apresentação I

AFFONSO SOLANO
2022

E diz-se que, naquele dia, sob o impiedoso sol de Inti, a carruagem de fogo alçou voo com um rastro de fumaça, deixando aqueles que permaneceram em solo sentindo a terra tremer e os ouvidos sangrarem, pois seu ronco era como o de um longo trovão. E os doze deuses às rédeas do maravilhoso veículo olharam para baixo, prometendo retornar.

Eu era um desses "deuses". Bom, mais ou menos.

Devorando as unhas nada divinas em um dos assentos apertados daquele avião monomotor, estava um jovem escritor brasileiro prestes a realizar um sonho: sobrevoar as misteriosas Linhas de Nazca, os gigantescos geoglifos peruanos que Erich von Däniken sugeriu, na obra que você está prestes a ler, terem sido feitos há cerca de 2.300 anos para serem vislumbrados dos céus por "astronautas do passado". Nem mesmo a turista australiana regurgitando o café da manhã em um saquinho plástico ao meu lado poderia desmanchar o sorriso que eu tinha no rosto enquanto me lembrava da jornada que me levara até aquele momento mágico.

Como muitos da minha geração, conheci as controversas hipóteses de Däniken quando ainda era um adolescente atormentado por dúvidas na cabeça e espinhas no rosto. Tal qual o autor e arqueólogo suíço, eu também cresci estudando em uma instituição religiosa que me apresentava histórias verdadeiramente magníficas sobre a vida, o universo e tudo mais, como já disse um certo mochileiro. Entretanto, com o tempo, os professores se viram cada vez mais obrigados a conter o meu inconveniente fluxo de questionamentos acerca da natureza nada divinal daquelas entidades que me eram apresentadas como infalíveis, onipresentes e infinitas. As personagens que coloriam os textos sagrados das minhas aulas cometiam equívocos, sentiam remorso e necessitavam de veículos para se deslocar sobre o planeta que supostamente haviam criado; que diabos, até os anjos estavam se relacionando mais com as mulheres do que eu.

Contudo, se no colégio eu me via refém de um único foco narrativo, no meu querido lar eu me deparava com portas culturais livres. Meus pais (que haviam me matriculado na instituição religiosa por motivos muito mais financeiros do que filosóficos) simultaneamente me apresentavam a outras culturas do mundo e, aos poucos, notei que as divindades das civilizações pré-colombianas, indianas, tibetanas, egípcias e muitas outras compartilhavam das mesmas incoerências conceituais que eu era obrigado a decorar nos textos do colégio.

Mesmo a ficção parecia determinada a me dizer algo. Nas histórias em quadrinhos que eu avidamente devorava, fantásticos animais antropomórficos revelavam, a bárbaros musculosos, que tinham vindo do espaço sideral e ensinado magia aos mortais. Na literatura de horror que me mantinha desperto à noite, inomináveis entidades cósmicas dormiam em cidades antigas enquanto cultos secretos as adoravam.

– Isso lembra aquele livro das carruagens dos deuses – disse minha mãe, folheando uma das aventuras que eu esquecera no sofá.

Prontamente me ajoelhei ante o oráculo e implorei por respostas. Em alguns minutos eu estava com *Eram os deuses astronautas?* em mãos.

Se no ambiente escolar a mera sugestão de vida extraterrestre era atirada à fogueira pela autoridade inquisidora e condenada como um "ardil do demônio", aqui a ideia era não somente contemplada com seriedade, mas erguida ao protagonismo da evolução humana; teriam navegantes cósmicos de carne e osso – e não luz e éter – singrado o mar de estrelas e aportado em nossas praias, alterando o que seria o curso natural dos nativos daquele novo mundo?

Era uma alegação e tanto para um sujeito cujo nome eu mal conseguia pronunciar.

Obedecendo ao ponto de interrogação no título do livro, deixei o ceticismo me guiar e descobri, em meio às críticas legítimas às hipóteses de Däniken (algumas corroboradas por ele próprio, em edições posteriores), que enquanto alguns viam seus deuses reduzidos sob aquelas ideias, outros enxergavam a própria humanidade sob tal ótica pejorativa; mesmo aqueles não guiados por uma bússola religiosa pareciam acometidos por um senso de insignificância perante aquela suposta interferência estelar – como um pai de família recusando a ajuda de um frentista à beira da estrada evolutiva, encontrei indivíduos que interpretavam aquilo não como uma mão estendida na escuridão, mas como um tapa humilhante em um rosto orgulhoso demais para pedir ajuda. Uma afronta ao potencial humano de trilhar o próprio destino.

Nunca consegui me identificar com essas perspectivas. Contrário ao que meus estimados educadores temiam, as propostas do livro não apequenaram a humanidade ou as divindades das histórias incríveis que eu conhecera nos livros sagrados, mas as tornaram ainda mais grandiosas em sua possível tangibilidade. Ao invés de forças inquestionáveis escrevendo certo por linhas tortas, eu agora me deparava com artistas espaciais que, ainda que atuando de forma misteriosa, o faziam através de um véu semitransparente. E ainda que eu sentisse que o erguer daquele véu pudesse ser visto como um gesto nietzschiano, preferi encará-lo como uma espécie de emancipação: eu não havia assassinado meus deuses, e sim simplesmente flagrado meus pais chorando e duvidando de si mesmos, revelando que nunca tinham sido detentores da verdade eterna como me tinha sido prometido. E aquilo me aproximava mais deles do que qualquer promessa de paraíso.

Como se para me lembrar de que revelações podem ser assustadoras, a turbulência do avião me retornou ao presente.

– Senhoras e senhores, estamos próximos às Linhas de Nazca, fiquem atentos – avisou o piloto no alto-falante.

A turista indisposta se espremeu contra a janela e eu me juntei a ela, observando fascinado os desenhos de beija-flores, macacos, aranhas – tão colossais que só eram compreensíveis quando vistos de carruagens voadoras como a nossa, dotadas com o poder de alcançar as abóbadas do céu através de fogo, fumaça, tremores e sons ensurdecedores.

Maio de 2022

Apresentação II

JOÃO RIBAS DA COSTA
Edição brasileira de 1969

Jung e seus discípulos parecem acreditar que certas recordações cósmicas têm sido transmitidas de geração em geração e influenciam, até hoje, os sonhos dos homens.

Por outras palavras: em maior ou menor grau, cada ser humano leva consigo a *memória da espécie.* Quase totalmente inibida, manifesta-se parcial e esporadicamente em sonhos, revelando-se mais ativa, e de maneira muito especial, em determinadas pessoas.

Nessa ordem de ideias, seriam exemplos de tais indivíduos excepcionais e privilegiados homens como Platão, Leonardo da Vinci, Dante, Swift ou Victor Hugo. As revelações de Platão sobre a discutida Atlântida; as estupendas realizações de Da Vinci, que o colocaram muito à frente de sua época; a minuciosa descrição do Cruzeiro do Sul feita por Dante 200 anos antes que os navegadores da Renascença vissem, pela primeira vez, aquela constelação; a enumeração dos satélites de Marte, a especificação de suas dimensões e de suas órbitas peculiaríssimas 150 anos antes que Asaph Hall os descobrisse; os combates e outras peripécias de gigantes, que integram *La Légende des Siècles*... tudo isso não seria produto genial de vivíssima imaginação, mas apenas aproveitamento de memórias atávicas, particularmente claras, de um passado cujos registros na maior parte se perderam.

Mas, por todo o globo terrestre, avultam vestígios muito mais concretos do que simples sonhos que gritantemente nos afirmam a realidade de um maravilhoso passado a recordar. São monumentos e realizações que a História conhecida absolutamente não explica e, muito menos, justifica: a origem e a finalidade de Stonehenge; as características incríveis da Pirâmide de Quéops e os insondáveis propósitos de seus construtores; os misteriosos balizamentos de 250 metros de altura, entalhados em altas penedias do Pacífico oriental; os maravilhosos calendários maias; objetos de platina ou alumínio, de milhares de anos, que não poderiam ter sido fabricados sem certas técnicas só agora disponíveis; relatos, inscrições, relevos em pedra, cuja substância e significado somente o progresso das últimas décadas permite interpretar... e tantos outros mistérios que desnecessário seria enumerar, porque deles estão cheias as páginas deste interessantíssimo livro.

Tem-se a nítida impressão de que, da longa História Humana, só se conhece uma parte muito curta, a mais recente... o último volume: os primeiros se perderam ou não chegaram a ser escritos, o que é improvável. Para dizer a verdade, não se trata apenas de uma impressão, mas de certeza, pois se sabe, por outras fontes, cientificamente aceitas, que o *Homo sapiens* existe há dezenas de milhares de anos, dos quais a História só registra, e muito insatisfatoriamente, os últimos seis milênios.

O passado desconhecido sempre despertou intensa curiosidade, mas, também, acalorados debates. Já Aristóteles, contemporâneo de Platão, mas muito mais moço que ele, considerava puro mito a decantada Atlântida. Isso não impediu que o relato chegasse até nós, como não arrefeceu a discussão do assunto no correr do tempo. Há atualmente mais de 2 mil livros e 25 mil folhetos ou artigos dedicados exclusivamente a essa suposta, ou real, civilização perdida.

A investigação pré-histórica é hoje mais empenhada e mais dinâmica do que em qualquer outra época, porque as notáveis realizações da tecnologia moderna curiosamente vêm fornecendo pistas cada vez mais nítidas do caminho a palmilhar na interpretação dos estranhos registros que nossos antepassados perpetuaram na rocha viva.

O livro *Eram os deuses astronautas?* não pretende certamente substituir os volumes iniciais perdidos da História Universal. No entanto, é uma provocação irresistível ao debate. É um corajoso desafio aos especialistas dos vários ramos da Ciência, no sentido de que enfrentem juntos, de uma vez por todas, as inumeráveis provas de que muito aconteceu na Antiguidade e a História não registra, e lhes encontrem a *verdadeira* significação, seja ela qual for. Só assim poderemos, afinal, saber ao certo o que fomos e o que realizamos no passado longínquo. Saberemos, então, como, quando, em que e por que fracassamos em certo momento, a ponto de destruir, aparentemente da noite para o dia, todo o arcabouço da civilização sobre a Terra.

Ao fazê-lo, não estaremos apenas satisfazendo uma natural curiosidade. Mais que isso, redescobriremos, talvez, imenso patrimônio científico, possivelmente uma diferente estrutura mental e até – quem sabe? – maravilhosas técnicas, mais simples, mais eficientes e menos dispendiosas que as atuais. E – *last but not least* – talvez encontremos, nas convulsões fatais desse passado agora morto, as lições de que tanto precisamos, para mais seguramente evitar catástrofes semelhantes no futuro.

A iniciativa de editar e apresentar este livro no Brasil certamente não implica uma tomada de posição, mas consubstancia o propósito de contribuir para participação muito mais ampla neste apaixonante debate.

Pode-se recusar a tese do autor: é direito que assiste a qualquer um. Mas, em matéria de tal relevância – pois é a História passada e futura de nossa espécie que está em jogo –, não basta rejeitar as hipóteses dos que têm a capacidade e a coragem de as formular: cumpre, também, pesquisar, imaginar e defender sucessivamente novas hipóteses que se afigurem melhores... até que um dia se consiga encontrar a Verdade.

Nesta obra, Von Däniken cita algumas passagens da Bíblia que considera relacionadas com sua tese. Entretanto, não as erige em argumentos comprobatórios, no que aliás faz muito bem, porque os Livros Sagrados não são, nem jamais pretenderam ser, fonte de informações científicas.

Na abertura do Capítulo 4, o autor diz textualmente que "a Bíblia certamente tem razão". Esse é o ponto de vista de Von Däniken que o leitor deverá ter em mente, ao longo do livro, especialmente diante de citações ou comentários que o autor, por amor à brevidade, não desenvolve mais profundamente.

Algumas de suas considerações, na aparência irreverentes, em realidade não o pretendem ser, e de fato não são. As mais autorizadas escolas modernas de exegese – como, por exemplo, a L'École Biblique et Archéologique Française de Jérusalem, dirigida por eminentes exegetas católicos – admitem, sem hesitação, que o livro do Gênesis, assim como os demais do Pentateuco, não pode ser totalmente atribuído a Moisés. Neles se pode seguir mais ou menos claramente o fio de quatro tradições diferentes – a javista, a eloísta, a deuteronomista e a sacerdotal –, todas respeitadas e integradas naqueles livros por numerosos colaboradores anônimos, desde a era mosaica até os tempos de Exílio.

Essas e outras circunstâncias semelhantes explicam as repetições e os trechos discordantes efetivamente encontrados naqueles livros, cujo valor religioso não diminuem, antes robustecem, porquanto, malgrado as características que as distinguem, as várias tradições registram essencialmente a mesma substância, têm origem certa e comum a todas elas, que remonta diretamente a Moisés.

O episódio dos "filhos de Deus" que se casaram com "filhas dos homens", citado pelo autor, é de tradição javista e considerado, pelos exegetas, de difícil compreensão. Os autores sagrados se referem a uma lenda popular sobre gigantes (os "Nephilim", que seriam os Titãs orientais), nascidos da união entre mortais e seres celestes. O judaísmo – mais tarde – e quase todos os primeiros escritores da Igreja primitiva interpretaram como "anjos culpados" a expressão "filhos de Deus". Só a partir do século IV, em função de um conceito mais espiritual da natureza angélica, a literatura patrística começou a ver os "filhos de Deus" como a linhagem piedosa de Sete, e os "filhos dos homens" como a descendência depravada de Caim.

Em consequência, a interpretação desse episódio, que Von Däniken esboça, não contradiz a Bíblia e é até mais inocente que a inicialmente formulada pelos primeiros padres da Igreja.

Eram os deuses astronautas? fez grande sucesso na Alemanha, onde foram vendidos mais de 300 mil exemplares, entre fevereiro de 1968 e junho de 1969. Já foram publicadas a edição inglesa, em Londres, e a francesa, em Paris, e o livro está sendo traduzido para vários outros idiomas.

Dada a repercussão que tem causado nos mais cultos países europeus, e tendo em vista que no Brasil não se poupa esforço no sentido de ombrear em todos os campos com as nações mais adiantadas do mundo, é de se esperar que este provocante livro será recebido com interesse e entusiasmo pela grande maioria dos leitores brasileiros.

São Paulo, dezembro de 1969

Apresentação III

PROFESSOR FLÁVIO A. PEREIRA
Edição brasileira de 1969

Este livro, para ser escrito – informa Erich von Däniken, na Introdução –, precisou "mobilizar grande coragem, igualmente indispensável para que alguém o leia".

E que dizer de quem se dispusesse a prefaciá-lo?...

Von Däniken, ao longo dos seus doze capítulos, propõe-nos cerca de 323 interrogações. É o quanto basta para situar a obra no rol dos livros-polêmica.

Acontece, porém, que os tempos são de revisão e contestação, de A a Z. O momento cultural é de franca e progressiva efervescência em todos os setores de todas as ciências, da matéria e do espírito, do corpo e da sociedade, da história e do instinto. Em particular, estes são anos de profundas modificações das antigas interpretações da Pré-História e Arqueologia, história sagrada e exegese Bíblica.

Pois surgiu, nos horizontes da contemporaneidade, uma nova espécie de gnose, que vai crescendo com o estudo do realismo fantástico, do "impossível", do "absurdo", do "anômalo", do "incongruente".

(Mas quem não sabe que a Ciência oficial, vez por outra, tem criado obstáculos ao progresso científico? Quem não aprendeu que Galileu foi condenado? Edison apedrejado? Ford combatido? Santos Dumont menosprezado? Von Braun excomungado? Mendel marginalizado?... O Congresso da Sociedade para o Progresso da Ciência não chegou a declarar, em 1897, que o desenho do bisão na caverna de La Mouthe, descrito pelo ilustre Emile Rivière, havia sido feito fraudulentamente pelo rapazelho dordonhês que descobriu a gruta?...)

Os nossos são dias, na verdade, de maravilhosos prazeres intelectuais. A presença de homens na Lua – homens de carne, osso e sexo, e não apenas míticos personagens ou literárias criaturas – teve o condão de transformar a cultura, transtornando os próprios cientistas!

A Astronáutica veio constituir uma espécie de hormônio de poderoso efeito, convertendo a cultura pré-cosmonáutica numa sadia atitude de enfrentar, denodadamente, todo e qualquer problema – a começar pelo da reação dos meios ortodoxos.

Não leia o leitor este livro como se fosse mais uma ficção científica. Não confunda as categorias em que se dividem os livros que, de uma forma ou outra, se relacionam com os campos científicos. Há três grandes espécies de livros ligados a essa esfera: *livros de Ciência* (ciência consagrada, ciência feita, ciência ortodoxa, ciência adotada), *livros de ficção científica* (exploração sistemática do possível, invenção livre circunscrita aos cânones não da Fabulística, mas da Futurologia) e *livros de especulação científica* (estudos e indagações teóricas em torno do discutível ou inexplicado no âmbito da ciência oficialmente instituída como tal).

A especulação científica não é contrária à Ciência, muito menos pretende tomar-lhe o lugar. Mas também não se submete servilmente a postulados "consagrados"; isso seria frontalmente contrário à natureza da atitude especulativa, além de que a Ciência, por mais ortodoxa que seja, vez por outra é forçada a substituir seus próprios conceitos, até então considerados inabaláveis e definitivos.

O livro de Von Däniken pertence à categoria das obras especulativas. Ainda não é nem pretende ser "ciência". Mas é visando ao progresso da Ciência que se atira com entusiasmo às mais arrojadas especulações.

Para edificação dos leitores, apontarei, a seguir, alguns fatos autênticos que convém conhecer a fim de que Von Däniken não seja injustiçado...

1. Em 1964, o dr. J. Mellaart, que dirige o Instituto Arqueológico de Ankara, descobre em Chatal Huyuk, na Anatólia, vestígios de cidades que vieram revelar uma civilização de 7 mil a 8 mil anos antes de Cristo. (Todos sabemos: a época em que se originou a civilização jamais cessou de ser datada cada vez mais para trás, à medida que a Arqueologia ia progredindo. Se Champollion situara essa data no marco inicial do Egito Faraônico – há 5 mil ou 6 mil anos –, com a descoberta dos sumérios a História Humana recuou mil anos. Em 1954, estávamos na conta dos 7 mil anos. Desde então, as descobertas se foram sucedendo, e o grande recuo cronológico continua!)

2. Por outro lado, de acordo com o dr. Alexander Marshack, de Nova York, os homens das cavernas já anotavam suas observações astronômicas havia... 35 mil anos! Numerosos vestígios – escreve o grande pré-historiador – considerados manifestações artísticas do Paleolítico Superior e do Mesolítico "são, na verdade, registros astronômicos"! (Querem subversão maior do que essa?) Motivos pictóricos descobertos em restos pertencentes às culturas magdaleniana e aurignaciana, interpretados até 1965 como tendo significação religiosa ou mágica, são, contudo, consignações de observações científicas (!) da esfera

celeste. "O conhecimento da esfera celeste, pelas grandes civilizações do passado, constitui um dos principais enigmas da Arqueologia contemporânea", pontifica o dr. Marshack.

3. E, por falar em cavernas, convém trazer a lume o prof. Leroi-Gourhan, cuja opulenta e erudita *Préhistoire de l'Art Occidental*, publicada em 1965, com suas 739 fotografias deslumbrantes, veio provocar outra revolução na Pré-História, pois demonstrou que os desenhos e as pinturas das cavernas não estão ligados apenas à magia da caça: "são símbolos masculinos e femininos complexíssimos". A Humanidade Pré-Histórica possuía a própria Simbologia Cósmica. A Caverna se organizava em função de uma Metafísica ainda desconhecida!

4. No mesmo e fatídico ano 1965, outro erudito, dr. Gerald Hawkins, professor de Astronomia na Universidade de Boston, edita o decisivo livro *Stonehenge Decoded*, em que revela a mais estarrecedora das conclusões. Graças a um computador eletrônico, descobrira Hawkins que o famoso monumento megalítico de Stonehenge, de idade estimada em 4 mil anos, tinha sido um autêntico e versátil observatório astronômico, construído (por quem? com que instrumentos?) entre os anos 1850 e 1700 antes de Cristo. "A Pré-História oficial ou acadêmica ensina que as Ilhas Britânicas, naquele tempo, tinham sido habitadas por povos subdesenvolvidos em comparação com as adiantadas civilizações mediterrâneas contemporâneas." Conflito nevrálgico na Ciência Histórica! Stonehenge é uma pedra gigantesca não apenas na paisagem britânica, como, e sobretudo, no sapato dos pré-historiadores ortodoxos...

5. No ano seguinte – 1966 –, o dr. Charles H. Hapgood, professor da Universidade Estadual de Keene, Estados Unidos, publica outra revolucionária brochura: *Maps of the Ancient Sea Kings: Evidence of Advanced Civilization in Ice Age*. Relata a importantíssima descoberta das primeiras provas testemunhais da existência de

uma civilização anterior a todas as conhecidas até agora. O livro de Hapgood veio coroar sete anos de pacientes pesquisas e de contínua permuta de informações com sumidades na matéria e especialistas em outros ramos das ciências. E eis o que pode ser do maior interesse para o leitor: as contundentes pesquisas de Hapgood haviam sido estimuladas pelas surpreendentes teses de Arlington Mallery a respeito do misterioso Mapa de Piri Reis (de que Erich von Däniken trata no Capítulo 3 deste livro). "Há 10 mil anos, pelo menos, floresceu uma adiantadíssima civilização, anterior à última glaciação, sendo plausível admitir que seu foco de irradiação tivesse se localizado nada mais, nada menos do que no continente antártico!" (Se algum país criasse uma agência espacial como a Nasa para conquistar a Antártica – a despeito do Tratado Internacional restritivo – e viesse a empreender ali um ativo programa de pesquisa arqueológica, na década de 1970 viriam à luz fatos mais estarrecedores do que poderia ser, por exemplo, a descoberta, digamos, de uma ferramenta na Cratera de Fra Mauro pelos tripulantes da Apollo 13... Entenderam a comparação?)

6. Mas temos mais. Em 1968, o escritor russo Alexander Gorbovsky, em livro de apaixonante conteúdo, propôs arrojadíssima tese histórica: "As grandes civilizações básicas, tanto do Velho Mundo quanto da América, desenvolveram-se a partir de um patrimônio comum, vestígio das primeiras civilizações universais brutalmente desaparecidas". Gorbovsky menciona algumas peças do imenso quebra-cabeça:

- Na língua falada pelas castas inferiores do povo inca havia pelo menos *mil raízes sânscritas*.

- A julgar pela análise serológica de fragmentos musculares de múmias incas, esse povo pertencia ao grupo sanguíneo A, *absolutamente desconhecido na América* até a chegada dos espanhóis, no século XVI.

- Os chineses, há mais de 1.600 anos, *conheciam e aplicavam* o fenômeno da eletrólise.
- Textos da Índia, de 3 mil anos de idade, falam numa *espantosa arma* cuja descrição evoca, a nós, a bomba atômica.
- E, para completar, os russos descobriram na mesma Índia um esqueleto humano de 4 mil anos, portador de radioatividade superior em 50 vezes o ambiente, tudo indicando que o indivíduo *havia consumido alimentos contaminados* com radioatividade 100 vezes maior que a média ordinária! (Explosões nucleares na Antiguidade? Aqui a nova Gnose resolutamente invade o campo da Física Nuclear e da Tecnologia do Átomo, da Ciência ortodoxa de nossos dias.)

É construtivo destacar quem prefaciou o livro de Gorbovsky: o prof. J. B. Fedorov, da Academia Soviética. Mais ainda, é instrutivo reter o que escreve Fedorov ali: "Os poetas e os céticos são igualmente indispensáveis à Ciência. *Quanto ao cientista, tem ele o direito de construir hipóteses audaciosas e de correr riscos*".

Erich von Däniken, pois, não está sozinho. Não importa que não seja um clássico erudito, um arqueólogo de profissão ou um sábio exegeta bíblico. Estamos diante de um jornalista. Só? Não. De um jornalista honesto, bem-informado e, sobretudo, muito inteligente (audacioso seria redundante falar).

Como presidente da Associação Brasileira de Estudo das Civilizações Extraterrestres (Abece) dou meu aval a Erich von Däniken. Muitos, certamente, dele discordarão. Mas este é um livro para *gente que deseja se preparar para a Grande Revelação do decênio 1970!*

São Paulo, novembro de 1969

Introdução

ERICH VON DÄNIKEN
Edição alemã de 1968

Para escrever este livro, foi necessário mobilizar grande coragem, que será igualmente indispensável para que alguém o leia. As teorias e provas que ele contém não se ajustam à Arqueologia tradicional, tão laboriosamente desenvolvida e tão solidamente cimentada. Os especialistas do ramo não o levarão a sério ou o colocarão na lista negra das obras que melhor seria não mencionar. De sua parte, os leigos preferirão encaramujar-se em seu mundo familiar quando verificarem que a descoberta do passado envolve maiores mistérios e requer mais audácia que uma antevisão do futuro.

Não obstante, uma coisa é certa: há algo errado no passado longínquo, que dista de nós milhares e milhões de anos. Esse passado repleto de deuses desconhecidos, que visitaram a Terra primitiva em espaçonaves por eles tripuladas...

Incríveis realizações técnicas se concretizaram em tempos antiquíssimos, cujo patrimônio tecnológico, imensamente rico e variado, só parcialmente se redescobriu até agora.

Há algo errado em nossa Arqueologia! Porque estamos encontrando acumuladores elétricos que datam de muitos milhares de anos. Porque nos defrontamos com seres estranhos, que usam trajes espaciais com fechos de platina. Porque achamos números com quinze casas – e nenhum computador os colocou ali. Mas de que maneira aqueles homens primitivos puderam adquirir a capacidade de criar tantas coisas inacreditáveis?

Há algo errado também no campo da religião. Em regra, todas prometem ajuda e salvação à humanidade. Os deuses primitivos fizeram as mesmas promessas. Por que não as cumpriram? Por que usaram armas avançadíssimas para combater atrasadíssimos povos? E por que planejaram seu aniquilamento?

Familiarizemo-nos com a perspectiva de que nosso mundo de ideias, forjado e desenvolvido durante milênios, está para desmoronar. Poucos anos de acurada pesquisa foram suficientes para arrasar os redutos mentais em que tranquilamente vivíamos. Conhecimentos até há pouco escondidos em bibliotecas e arquivos de sociedades secretas estão sendo agora revelados. A era das conquistas espaciais já não comporta segredos. As incursões no espaço, que visam à descoberta de outros corpos celestes, também nos levam ao passado longínquo. Deuses e sacerdotes, reis e heróis emergem de trevas abissais... Podemos intimá-los a desvendar seus segredos, pois temos meios de tudo descobrir sobre nosso passado, sem quaisquer hiatos, se a isso realmente nos dispusermos.

Modernos laboratórios devem tomar a seu cargo toda pesquisa de natureza arqueológica. Os arqueólogos precisam examinar com aparelhos de medição hipersensíveis as áreas em que se desenvolveram civilizações há muito tempo extintas. Sacerdotes, que buscam a verdade, têm de voltar, uma vez mais, a duvidar de tudo quanto está firmemente estabelecido.

Os deuses do nebuloso passado deixaram inumeráveis pistas que só hoje podemos decifrar e interpretar, pela primeira vez, porque o problema das viagens interplanetárias, tão característico de nossa época, já não era problema, mas realidade rotineira, para homens que viveram há milhares de anos. Pois eu afirmo que nossos antepassados receberam visitas do espaço sideral na mais recuada Antiguidade, embora não me seja ainda possível determinar a identidade dessas inteligências extraterrenas ou o ponto exato de sua origem no Universo. Não obstante, proclamo que aqueles "estranhos" aniquilaram parte da humanidade existente na época e produziram um novo, se não o primeiro, *Homo sapiens*.

Essa afirmativa é revolucionária. Abala até os alicerces um arcabouço mental que parecia tão solidamente construído. Meu objetivo é tentar fornecer provas de sua veracidade.

1 Há outros seres inteligentes no Cosmo?

Há inteligências extraterrenas?

É possível vida sem oxigênio?

Há vida em ambientes que seriam letais para o homem?

Será admissível que nós, habitantes deste mundo do século XX[1], não somos os únicos entes vivos, de espécie semelhante, em todo o Universo? "A Terra é o único corpo celeste que abriga seres semelhantes a nós" – eis a resposta que parece correta e convincente, uma vez que nos museus ainda não há qualquer homúnculo extraterreno, exposto à nossa visitação. Entretanto, uma floresta de pontos de interrogação se agiganta cada vez mais à medida que estudamos, com maior profundidade, os resultados das mais recentes pesquisas.

---

1 A editora optou por manter as informações de datas e previsões futuras como escritas pelo autor na década de 1960 para preservar a originalidade do texto e para que o leitor seja capaz de analisar o que era previsto e o que realmente se realizou. (N. da E.)

De acordo com os astrônomos, umas 4 mil estrelas podem ser percebidas a olho nu, numa noite serena. Já a luneta de um modesto observatório astronômico traz quase 2 milhões delas ao alcance da visão, enquanto um moderno telescópio de espelho refletor aproxima a luz de bilhões de sóis – miríades de pontos de luz na Via Láctea. Mas, nas dimensões ilimitadas do Cosmo, esse nosso conjunto de estrelas é parte insignificante de um sistema estelar incomparavelmente maior – um conglomerado de vias lácteas, poder-se-ia dizer – contendo cerca de vinte galáxias dentro de um raio de 1,5 milhão de anos-luz (um ano-luz é igual à distância que a luz percorre em um ano, isto é, 300.000 x 60 x 60 x 24 x 365 quilômetros, ou seja, 9,5 trilhões de quilômetros, aproximadamente).

Embora vastíssimo, esse número de estrelas é ainda muito pequeno em comparação às existentes em milhares de galáxias espiraladas que o telescópio eletrônico revelou. Isso é apenas o que se descobriu até agora, devo ressaltar, porque as pesquisas nesse campo mal começaram.

O astrônomo Harlow Shapley calcula que há cerca de 1020 estrelas ao alcance de nossos atuais telescópios (numeral 1 seguido de 20 zeros, isto é, 100 quintilhões de estrelas). Quando Shapley atribui o sistema planetário a apenas uma, em cada grupo de mil estrelas, temos de admitir que estabelece proporção muito cautelosa. Se continuarmos a especular com base nessas estimativas, imaginando a existência de condições indispensáveis à vida numa só estrela em cada mil que centralizarem sistemas planetários, ainda encontraremos uma cifra fantástica: 1014. Pergunta Shapley: quantos corpos celestes, nesse número astronômico, possuirão atmosfera apropriada à vida? Um em mil? Isso ainda nos garantiria o número incrível de 1011 astros portadores dos requisitos necessários à vida. Embora se conjeture que a vida se produziu num só desses astros em cada milhar, ainda assim restam 100 milhões de planetas em que podemos admitir a existência de seres vivos. Esses cálculos se baseiam na aparelhagem e técnicas hoje disponíveis, mas não devemos esquecer que tais meios de pesquisa estão sendo constantemente aperfeiçoados.

De acordo com a hipótese do bioquímico dr. S. Miller, os processos biológicos e as condições que lhes são indispensáveis possivelmente se desenvolveram mais rapidamente em alguns daqueles planetas do que na Terra. Se aceitarmos essa audaciosa ideia, civilizações mais avançadas que a nossa podem ter evoluído em 100 mil planetas.

O prof. dr. Willy Ley, conhecido vulgarizador de conhecimentos científicos e amigo de Wernher von Braun, disse-me em Nova York:

> "O número aproximado de estrelas, somente em nossa Via Láctea, sobe a 30 bilhões. A suposição de que nossa galáxia contém, pelo menos, 18 bilhões de sistemas planetários é admitida pelos astrônomos da atualidade. Se tentarmos reduzir essas cifras, tanto quanto possível, e imaginarmos que as distâncias no interior de sistemas planetários são reguladas de tal modo que somente num caso entre cem existe planeta em órbita na 'ecosfera' de seu próprio sol, tudo isso ainda deixará 180 milhões de planetas capazes de manter a vida. Se, em prosseguimento, supusermos que, entre os planetas assim capacitados, somente num deles, em cada centena, o potencial vitalizante haja sido aproveitado, ainda teremos 1,8 milhão de planetas com seres vivos. Admitamos, para concluir, que num só planeta, entre cem com seres vivos, existam criaturas com grau de inteligência semelhante ao do *Homo sapiens*. Pois essa última conjetura ainda garante para nossa Via Láctea o enorme número de 18 mil planetas com vida inteligente semelhante à nossa".

Considerando que as mais recentes computações evidenciam a existência de 100 bilhões de estrelas fixas em nossa Via Láctea, a lei da probabilidade nos aponta cifras muito mais altas que as usadas pelo prof. Ley em seu cauteloso cálculo.

Deixando de lado números fantásticos e galáxias mal conhecidas, podemos concluir que há 18 mil planetas relativamente próximos de nós que oferecem condições necessárias à vida, similares às que existem na Terra. Entretanto, poderíamos ir em frente em nossas especulações e imaginar que apenas 1% daqueles planetas seja efetivamente habitado. Ainda haveria 180 deles! Já não há dúvida sobre a existência de planetas muito assemelhados à Terra, quer quanto à gravidade e composição atmosférica, quer quanto à flora e, possivelmente, até à fauna. Mas será essencial que os planetas devam ter condições semelhantes às da Terra para que neles exista vida?

A ideia de que a vida só pode florescer sob as condições terrestres foi invalidada pela pesquisa. É erro acreditar que a vida não pode existir sem água e sem oxigênio. Até mesmo na própria Terra há formas viventes que não precisam de oxigênio: são as bactérias anaeróbias. Pequena porção de oxigênio já é mortal para elas. Então, por que não haveria mais altas formas de vida num ambiente sem oxigênio?

Pressionados pelos conhecimentos novos que surgem a cada dia, teremos de atualizar a imagem mental que formamos do mundo. A investigação científica, até recentemente concentrada apenas na Terra, promoveu nosso próprio mundo à categoria de planeta ideal. Não é demasiadamente quente, nem exageradamente frio; contém água em abundância; dispõe de ilimitada quantidade de oxigênio; os processos orgânicos rejuvenescem a natureza constantemente.

Mas, em realidade, é absolutamente insustentável a suposição de que a vida só possa existir e desenvolver-se em planeta similar ao nosso. Calcula-se que vivem na Terra 2 milhões de espécies diferentes de seres vivos. Desse conjunto – e aqui se trata, novamente, de estimativa – são "conhecidas" cientificamente 1,2 milhão de espécies. E, entre essas formas de vida que a ciência conhece, milhares seriam incapazes de viver, de acordo com os ensinamentos que atualmente ainda prevaleçam! As premissas de que partimos para estabelecer condições mínimas de vida têm de ser revistas e novamente testadas.

Por exemplo: poder-se-ia pensar que a água altamente radioativa é sempre isenta de germes. Mas, na realidade, certas espécies de bactérias se adaptam à água letal que circula pelos reatores nucleares. Uma experiência realizada pelo dr. Siegel chega às raias da fantasmagoria. Reproduziu ele, em seu laboratório, as condições atmosféricas de Júpiter e cultivou bactérias, como também minúsculos acarinos, na mencionada atmosfera, que não possui um só dos requisitos que até agora enumeramos como indispensáveis à vida. Amônia, metano e hidrogênio não exterminaram aqueles seres vivos. As experiências de Hinton e Blum, entomologistas da Universidade de Bristol, também alcançaram resultados surpreendentes. Os dois cientistas desidrataram uma espécie de pequeninos mosquitos à temperatura de 100 °C. Logo após, imergiram seus diminutos "cobaios" em hélio líquido, que, como se sabe, é tão frio como o espaço. Depois de os submeter a poderosa radiação, fizeram-nos retornar a suas condições normais de vida. Os ditos insetos nada perderam de suas funções biológicas e produziram mosquitinhos perfeitamente "sadios". Estamos igualmente informados sobre bactérias que vivem em vulcões, assim como sobre outras que se alimentam de pedra ou produzem ferro. A floresta de pontos de interrogação continua, pois, a crescer cada vez mais.

Há experiências em andamento nos laboratórios de muitos centros de pesquisa. Continuam a acumular-se novas provas de que a vida de maneira alguma se condiciona aos requisitos anteriormente fixados. Julgou-se, durante séculos, que o Universo inteiro estivesse sujeito às mesmas leis e condições que prevalecem na Terra. Tal convicção distorceu e turvou nossa forma de ver as coisas; colocou antolhos nos investigadores científicos que, sem hesitação, adotaram nossos moldes e sistemas de pensamento para contemplar o espaço exterior. Teilhard de Chardin, o pensador que marcou sua época, sugeriu que somente o fantástico tem a possibilidade de ser real no Cosmo!

Se nossa maneira de pensar fosse aplicada em direção inversa – isto é, considerando as coisas da Terra como vistas de muito longe no espaço –, seres inteligentes, nascidos noutro planeta, julgariam indispensáveis à vida as condições prevalentes no planeta *deles*. Se vivessem a uma temperatura de 150 a 200 °C abaixo de zero, pensariam que tais temperaturas, incompatíveis com o tipo de vida que conhecemos, são indispensáveis à vida noutros planetas. Isso corresponderia aos processos lógicos com que temos tentado eliminar as trevas do passado. Se quisermos manter nosso respeito próprio, deveremos ser racionais e objetivos. Em todas as épocas, as teorias audaciosas sempre pareceram visionárias. Mas quantas fantasias já se tornaram, há tanto tempo, realidades comuns da rotina diária! Por certo, os exemplos dados aqui visam evidenciar as mais remotas possibilidades. Entretanto, quando fatos aparentemente improváveis, que nem podemos imaginar hoje, forem demonstrados – como o serão – em toda a sua veracidade de coisa realmente acontecida, as barreiras desmoronarão, permitindo livre acesso às "impossibilidades" que o Cosmo ainda esconde. As gerações futuras encontrarão no Universo formas de vida jamais sonhadas. Não existiremos nessa época para testemunhá-lo, mas nossos descendentes terão de aceitar o fato de não serem as únicas – e, certamente, nem mesmo as mais antigas – inteligências no espaço cósmico.

Calcula-se que a idade do Universo situa-se entre 8 e 12 bilhões de anos. Os meteoritos mostram traços de matéria orgânica, quando observados ao microscópio. Bactérias com milhões de anos de idade despertam novamente para a vida. Espórulos flutuantes são impelidos pela luz de um sol qualquer para as profundezas do espaço, e chega um tempo em que são capturados pela força gravitacional de algum planeta. Vidas novas vêm se desenvolvendo assim, num ciclo perpétuo de criação, há muitos milhões de anos. Cuidadosos e repetidos exames de toda espécie de rochas, recolhidas nas diferentes partes do globo, provam que a crosta terrestre formou-se há cerca de 4 bilhões de anos. Sim, e tudo quanto a ciência sabe é que algo semelhante ao homem já existia há 1 milhão de anos! Desse gigantesco rio do tempo, ela só conseguiu represar um insignificante arroio de 7 mil anos de história humana, à custa de extremo cansaço, muita aventura e elevada dose de curiosidade. Mas o que são 7 mil anos de história humana, comparados com milhares de milhões de anos da história do Universo?

Nós – os modelos da criação? – levamos 400 mil anos para atingir nosso atual estágio biológico e nosso presente nível mental. Quem pode apresentar prova concreta de que outro planeta não poderia proporcionar condições favoráveis para mais rápido desenvolvimento de inteligências similares ou distintas da nossa? Existe alguma razão em virtude da qual não possa haver "competidores" noutro planeta, que sejam iguais ou superiores a nós? Temos alguma base para eliminar essa possibilidade? Entretanto, isso é o que temos feito até hoje.

Quantas vezes têm desmoronado os pilares de nossa sabedoria! Centenas e centenas de gerações acreditaram piamente que a Terra era plana. A firme convicção de que o Sol girava ao redor da Terra manteve-se inabalável durante milhares de anos. Estamos ainda seguros de que a Terra é o centro de tudo, apesar de ter sido provado que nosso planeta é um apagado corpo celeste de pequenas dimensões, que vagueia a 30 mil anos-luz de distância do centro da Via Láctea.

Chegou o tempo de admitirmos nossa insignificância, descobrindo o infinito no Cosmo inexplorado. Só então teremos consciência de que não passamos de minúsculas formigas no vasto complexo do Universo. Mas, em que pese tudo isso, nosso futuro e nossas possibilidades estão nas profundezas do espaço, lá... onde os deuses disseram que estariam!

Somente após visualizarmos o que nos reserva o futuro disporemos de força e determinação suficientes para investigar o passado de maneira honesta e imparcial.

2 Quando nossa espaçonave pousou...

A viagem fantástica de uma nave espacial para o Cosmo

"Deuses" chegam em visita

Vestígios que o vento não leva

Júlio Verne, o avô de todos os novelistas de ficção científica, tornou-se, afinal, um narrador de aventuras facilmente aceitáveis. O produto de seu maravilhoso poder imaginativo já não é mais ciência de ficção: ao contrário, foi consideravelmente superado. Os astronautas de nossos dias efetuam a viagem ao redor do mundo em pouco mais de 80 minutos, e não em 80 dias.

Neste capítulo, resumiremos o que possivelmente aconteceria numa imaginária viagem que só espaçonaves do futuro poderiam fazer. Mas tal excursão, embora assombrosa, seria de fato realizável dentro de menos décadas que as decorridas entre a concepção de Júlio Verne, então utópica, de uma volta ao redor do mundo em 80 dias, e a realidade de hoje, que nos apresenta astronaves rodeando o globo em 86 minutos apenas.

Não pretendemos, porém, valer-nos de períodos de tempo assim tão curtos: vamos supor que nossa espaçonave partisse da Terra, em direção a uma distante e desconhecida estrela, somente daqui a 150 anos.

Essa nave espacial deveria ser, sem dúvida, tão grande quanto um transatlântico atual. Em consequência, teria peso inicial de 100 mil toneladas, correspondendo 99.800 toneladas a combustível e 200 a carga útil efetiva.

Impossível?

Não. Hoje em dia, já poderíamos montar uma espaçonave, peça por peça, em pleno espaço, enquanto tudo estivesse a girar em órbita, ao redor de um planeta. Entretanto, esse trabalho de montagem no espaço será desnecessário em menos de duas décadas, porque será possível construir uma imensa astronave na Lua e daí lançá-la ao espaço. Além disso, as pesquisas básicas em torno da propulsão de futuros foguetes prosseguem aceleradamente. Os foguetes de amanhã serão propelidos por motores nucleares e viajarão a uma velocidade quase igual à da luz. Uma solução nova e muito audaciosa se concretizará no foguete impulsionado por meio de fótons: a praticabilidade de construir tal engenho já foi demonstrada em experiências físicas realizadas com partículas elementares. O combustível especial levado a bordo do foguete lhe permitirá chegar tão perto da velocidade da luz que os efeitos da relatividade – especialmente a diferenciação entre o tempo no ponto de lançamento e o tempo na própria astronave – se farão sentir em sua plenitude. O combustível será transformado, progressivamente, em radiação eletromagnética e, sob tal forma, expelido como se procedesse de um conglomerado de jatos, mas com a velocidade da luz. Teoricamente, uma espaçonave equipada com fóton-propulsores pode alcançar 99% da velocidade da luz. A essa velocidade, as fronteiras de nosso sistema solar serão franqueadas com a rapidez do raio!

É uma ideia estonteante. Mas nós, que nos encontramos no limiar de uma nova era, devemos ter presentes, em nosso espírito, os passos de gigante com que a tecnologia assombrou também nossos avós, pois eram igualmente de estarrecer, naquela época: as estradas de ferro, a eletricidade, o telégrafo, o primeiro automóvel, o primeiro aeroplano. Houve uma primeira vez que nós mesmos nos espantamos ao ouvir melodias que pareciam vir através do ar; ao tomar contato com a televisão (em branco e preto e, depois, em cores); ao presenciar o lançamento de naves espaciais; ao receber dados e fotografias procedentes de satélites artificiais em órbita ao redor da Terra e de outros corpos celestes. Os filhos de nossos filhos farão viagens interestelares e realizarão pesquisas cósmicas nas escolas técnicas das universidades.

Sigamos, porém, a viagem de nossa imaginária astronave, em direção a uma distante estrela. Certamente, seria divertido tentar prever os recursos de que se utilizará a tripulação para matar o tempo durante o percurso. Por enormes que possam ser as distâncias vencidas pelos astronautas e por mais lento que acaso pareça o arrastar do tempo para os que ficarem na Terra, o fato é que estarão sempre a produzir-se os efeitos da teoria da relatividade de Einstein. Pode parecer incrível, mas o tempo, a bordo de uma espaçonave em viagem, com velocidade próxima à da luz, passa mais vagarosamente do que na Terra ou na Lua.

Se a astronave viajar a 99% da velocidade da luz, transcorrerão somente 14 anos, 1 mês e 6 dias e meio para a tripulação em viagem, enquanto se escoarão 100 anos para todos quantos tiverem ficado na Terra. A diferença de tempo entre o dos viajantes e o da população terrestre pode ser calculada por meio da seguinte fórmula, deduzida das transformações de Lorentz:

$$\frac{t}{T} = \sqrt{1-(v/c)^2}$$

(Nessa fórmula, t = tempo dos viajantes espaciais; T = tempo na Terra; v = velocidade da astronave; c = velocidade da luz.)

A velocidade de voo da espaçonave pode ser calculada por meio da equação básica de foguetes, estabelecida pelo prof. Ackeret:

$$v/w = \frac{1-(1-t)^{2w/c}}{w/c.[1+(1-t)^{2w/c}]}$$

(Nessa equação, v = velocidade; w = rapidez de emissão do jato; c = velocidade da luz; t = carga inicial de combustível.)

Ao aproximar-se a astronave do sol distante que era seu alvo, os tripulantes certamente estudarão o novo sistema planetário, verificarão as posições dos diversos planetas, procederão a análises espectrais, medirão as forças gravitacionais e calcularão as diferentes órbitas. Finalmente, escolherão, para nele descer, o planeta cujas condições mais se assemelharem às da Terra. Se nossa espaçonave já dispuser, então, somente de sua carga útil efetiva, pelo fato de ter sido consumida a totalidade do combustível após um percurso de, por exemplo, 80 anos-luz, uma das primeiras e mais importantes preocupações da tripulação será a de reabastecer os tanques com material físsil, logo que tiver desembarcado.

Vamos, pois, supor que o planeta escolhido seja semelhante à Terra. Já ficou dito que tal suposição nada tem de impossível ou absurdo. Suponhamos, também, que a civilização do planeta visitado passa pelo estágio de desenvolvimento em que se encontrava a Terra há 8 mil anos. Em nossa hipótese, esse fato já teria sido confirmado graças a observações feitas por meio da aparelhagem de bordo, muito antes de a astronave tocar o solo. Naturalmente, nossos viajantes espaciais terão escolhido, com antecedência, para a "operação descida", um ponto suficientemente próximo de uma boa fonte de material físsil. Os aparelhos deles indicam, rápida e seguramente, as encostas montanhosas, onde existe urânio.

A descida efetua-se de acordo com os planos. Então, nossos viajantes cósmicos veem alguns seres completamente absorvidos na fabricação de instrumentos de pedra; observam outros, enquanto caçam e derrubam as presas atirando-lhes lanças; rebanhos de ovelhas e cabras pastam na planície; oleiros primitivos estão a modelar utensílios simples, de uso doméstico. É estranho o quadro com que se defrontam nossos astronautas!

Mas que poderão pensar os atrasados habitantes daquele planeta a respeito da monstruosidade que acaba de pousar no solo e dos seres que estão descendo dela? Não nos esqueçamos de que também nós éramos semisselvagens 8 mil anos atrás. Não é de surpreender que os selvagens, diante de uma visão terrífica, escondam sua face no pó e não ousem sequer levantar os olhos. Até esse dia, adoraram o Sol e a Lua. E, agora, algo aconteceu que faz tremer o mundo: os deuses desceram do céu!

Escondidos a prudente distância, os habitantes do planeta observam nossos astronautas, que usam chapéus estranhos, dotados de varetas (capacetes com antenas); deslumbram-se quando a noite se torna clara como dia (holofotes); aterrorizam-se quando os visitantes se elevam no ar sem qualquer esforço (pequenos motores a jato fixados no cinto); novamente ocultam no chão sua pobre cabeça, quando "animais", desconhecidos e fora do comum, sibilam, zumbem e roncam no ar (helicópteros e outros veículos aéreos para fins diversos); e, finalmente, fogem para o mais seguro refúgio, no fundo de suas cavernas, quando se faz ouvir terrificante estrondo, que ecoa nas serras como atordoante trovoada (explosão experimental). Indubitavelmente, aos olhos dessa gente inculta, nossos astronautas se apresentam como deuses onipotentes!

Dia a dia, os viajantes espaciais prosseguem em seu árduo trabalho. Algum tempo depois, uma delegação de sacerdotes ou feiticeiros se aproxima do astronauta que instintivamente é identificado como chefe, a fim de entrar em contato com os deuses. A comissão traz presentes para homenagear os visitantes. É concebível que nossos astronautas tenham rapidamente aprendido a língua local com o auxílio de um computador e estejam habilitados a agradecer a cortesia recebida. Entretanto, embora tentem explicar, no próprio idioma dos selvagens, que ali não desceu deus algum, que nenhum ser mais alto, digno de adoração, os está visitando, tais explicações não surtem o menor efeito. Nossos incultos amigos simplesmente não lhes dão crédito. Os viajantes espaciais vieram das estrelas; obviamente, dispõem de inexcedível poder e são capazes de operar milagres espetaculares. Eles têm de ser deuses! Também é pura perda de tempo tentar explicar-lhes qualquer tipo de auxílio que possam oferecer. Tudo isso está muito além da compreensão desse povo, que foi invadido de maneira tão súbita e aterrorizante.

Embora seja impossível imaginar tudo quanto venha a acontecer nos dias subsequentes à chegada dos viajantes espaciais, as seguintes ocorrências podem muito bem figurar entre as previsíveis de maior probabilidade:

Parte da população seria atraída e treinada a trabalhar em crateras formadas por explosões, com o fim de procurar e coletar matéria físsil, indispensável à viagem de volta à Terra.

O mais inteligente dos autóctones seria eleito "rei". Como símbolo visível do poder, receberia um aparelho de rádio (transceptor) por meio do qual poderia entrar em contato e logo falar com os "deuses", a qualquer momento.

Nossos astronautas tentariam ensinar aos nativos os mais simples rudimentos de civilização, assim como alguns princípios de moral, a fim de tornar possível o estabelecimento – e aceitação – de certa ordem social. Algumas mulheres, especialmente selecionadas, seriam fertilizadas pelos astronautas. Assim, surgiria uma nova raça, capaz de saltar alguns degraus da evolução natural e desenvolver-se num estágio superior, sem passar pelas fases intermediárias. Sabemos,

> pela lentidão de nosso próprio desenvolvimento, quanto tempo ainda deveria decorrer para que aquela nova raça chegasse a dispor de especialistas espaciais. Por isso, nossos astronautas, antes de retornar à Terra, cuidariam de assinalar sua passagem por meio de sinais visíveis e claros que, entretanto, somente uma sociedade altamente desenvolvida sob o ponto de vista técnico e matemático estaria habilitada a interpretar muitíssimo tempo depois. Seria fadada ao insucesso qualquer tentativa de prevenir aqueles nossos pupilos quanto aos males e perigos a que estariam sujeitos ao longo de sua evolução. Ainda que os fizéssemos ver filmes documentários dos horrores inerentes às guerras terrestres e às explosões atômicas, isso não os impediria de cometer as mesmas loucuras, como agora não consegue que a humanidade (quase) toda pare de brincar com o destruidor fogo da guerra.

Quando nossa astronave finalmente desaparece nas névoas do espaço, intensificam-se os comentários daqueles selvagens sobre o inaudito milagre: "Os deuses estiveram aqui!". As ideias se simplificam e se distorcem ao serem expressas em sua rude linguagem. E a narrativa do prodígio se transforma em saga que será transmitida a seus filhos e filhas, enquanto os presentes, aparelhos e mais objetos deixados pelos astronautas se erigem à categoria de relíquias sagradas.

Se aqueles nossos amigos já tiverem dominado a técnica da escrita, farão um registro do que aconteceu: estranho, fantástico, milagreiro. Seus textos ilustrados narrarão e mostrarão que "deuses" vestidos de ouro desceram do céu num barco voador e chegaram até o chão, ao som de trovões ensurdecedores. Descreverão os veículos que os deuses usavam em solo firme ou sobre o mar, assim como as armas, que pareciam mobilizar o poder do próprio raio. E registrarão, também, a promessa que os "deuses" fizeram de voltar um dia.

Com martelo e buril cinzelarão grandes pedras, numa tentativa de gravar para a posteridade a visualização de seres e coisas inacreditáveis que marcaram indelevelmente um curto período de suas vidas:

> Indefinidos vultos de gigantes, com capacetes ornados de varetas e carregando fardos apoiados à frente do tórax.
>
> Bolas que circulam pelo ar, levando irreconhecíveis passageiros comodamente sentados.
>
> Bastões que emitem raios como se fossem sóis.
>
> Estruturas estranhas, semelhantes a enormes insetos, que procuram reproduzir o aspecto de veículos diversos.

Nada limita a fantasia ao ilustrar-se a visita dos astronautas. Veremos, mais adiante, quais são os vestígios que resistiram ao tempo, dentre os muitos que nos deixaram os "deuses", quando passaram pela Terra na mais distante Antiguidade.

É certamente fácil gizar o subsequente desenvolvimento do planeta visitado por nossa espaçonave. Os habitantes muito aprenderam ao observar clandestinamente os "deuses"; o ponto onde pousou a astronave será declarado lugar sagrado, centro de peregrinação, onde os feitos heroicos dos deuses serão exaltados em cânticos sacros. Pirâmides e templos serão aí construídos – de acordo com indicações astronômicas, evidentemente. A população cresce e se espalha; sobrevêm guerras, que devastam o local em que estiveram os deuses; e, então, surgem gerações muito posteriores, que redescobrem e escavam os lugares sagrados e tentam interpretar os sinais encontrados.

Esse é o estágio a que chegamos. Agora, que podemos desembarcar homens na Lua, somos capazes de encarar sem vertigem as viagens espaciais. Sabemos o efeito que o súbito aportamento de um imenso navio a vela produziu entre selvagens, por exemplo, nas ilhas dos mares do Sul. Conhecemos a tremenda influência que um homem como Cortez, procedente de outra civilização, exerceu entre os povos primitivos da América do Sul. Podemos, pois, avaliar, embora imperfeitamente, o terrível impacto que teria causado a incursão de uma astronave extraterrena nos tempos pré-históricos.

Devemos agora lançar os olhos a outro grande conjunto de pontos de interrogação – a longa série de enigmas indecifrados. Fazem sentido como vestígios de visitantes espaciais da Pré-História? Guiam-nos a melhor conhecimento do passado e, apesar disso, relacionam-se com nossos planos para o futuro?

3 O mundo improvável do inexplicado

Mapas geográficos de 11 mil anos de idade?

Aeroportos pré-históricos?

Pistas de aterrissagem para os "deuses"?

A cidade mais antiga do mundo

Quando a rocha se desintegra?

Quando a maré chegou

A mitologia dos sumérios

Ossos que não procedem de macacos

Será que todos os desenhistas da Antiguidade tinham o mesmo tique?

Recebiam nossos antepassados visitas do espaço cósmico?

Baseiam-se em premissas falsas certas partes da Arqueologia?

Temos um passado fantástico?

Nosso passado histórico foi recomposto por meio de conhecimentos indiretamente obtidos. Escavações, velhos alfarrábios, desenhos em cavernas, lendas e outros elementos desse gênero foram usados para construir uma hipótese aceitável. Todo esse material serviu para produzir um mosaico impressionante e atraente que, entretanto, seguiu as linhas de um quadro mental preconcebido, de acordo com o qual foram assentadas as diferentes partes, não raro com remendos de argamassa por demais visíveis. Determinado acontecimento deveria ter ocorrido desta ou daquela forma. De certo modo, precisamente, e não de outro. Era só querer – e havia ocorrido assim, e não de maneira diversa. Temos o direito e, não menos, o dever de manter sob perpétua dúvida as estruturas tradicionais de pensamento, bem como qualquer hipótese engenhosa, por mais que, apenas como tal, pareça explicar um mistério ainda não desvendado. Se as ideias em curso não puderem ser discutidas, a pesquisa terá chegado ao fim. Nosso passado histórico só é verdadeiro de maneira relativa. Se novos aspectos dele são trazidos à luz, então uma nova hipótese explicativa deve substituir a antiga, por mais que nos tenhamos apegado a essa última. Parece ter chegado o momento de apresentar uma hipótese nova e colocá-la bem no centro de nossas pesquisas sobre o passado.

Conhecimentos recém-adquiridos sobre o sistema solar e o Universo, o macrocosmo e o microcosmo; espantosos avanços na Tecnologia e na Medicina, na Biologia e na Geologia; e, na atualidade, os primeiros ensaios para a conquista do espaço são alguns dos muitos fatores que alteraram a face do mundo em menos de 50 anos.

Atualmente, sabemos que é possível fabricar trajes espaciais capazes de suportar extremas variações de temperatura. Sabemos que a viagem espacial não é mais uma utopia. Estamos familiarizados com o milagre da televisão em cores e capacitados a medir a velocidade da luz e a calcular os efeitos da relatividade.

Nossa antiga visão do mundo, que estava congelada numa imobilidade total, começa agora a descongelar-se. Novas hipóteses explicativas exigem critérios igualmente novos. Por exemplo: no futuro, a Arqueologia não poderá limitar-se apenas a escavações. Colecionar achados já não será suficiente, ainda que seguido de exata classificação. Outros ramos da ciência terão de ser consultados, e postos em ação, se se quiser recompor uma descrição do passado que mereça confiança.

Penetremos, pois, no mundo novo do improvável, com a mente aberta e cheios de curiosidade! Tentemos tomar posse da herança que os "deuses" nos legaram.

No início do século XVIII, foram encontrados no Palácio Topkapi certos mapas muito antigos que haviam pertencido a um oficial da Marinha turca, o almirante Piri Reis. Dois atlas atualmente conservados na Biblioteca do Estado, em Berlim, os quais contêm reproduções exatas do Mar Mediterrâneo e das regiões que circundam o Mar Morto, eram também propriedade de Piri Reis.

Os mapas em questão foram entregues, para exame, ao cartógrafo americano Arlington H. Mallery. Verificou ele o fato notável de que constavam nos mapas todos os acidentes geográficos, mas não da forma correta nem em seus respectivos lugares. Mallery então pediu a colaboração de outro cartógrafo – Mr. Walters – do Bureau Hidrográfico da Marinha Americana. Mallery e Walters, valendo-se de apropriado gradiente, transferiram os dados para um globo moderno. Fizeram então uma sensacional descoberta. Os mapas eram rigorosamente exatos – e não apenas com relação ao Mediterrâneo ou ao Mar Morto. As costas das duas Américas, assim como os contornos da Antártida, estavam delineadas com precisão nos mapas de Piri Reis, que reproduziam não somente as linhas costeiras dos continentes, mas também toda a topografia de seu interior! Cadeias de montanhas, pontos culminantes, ilhas, rios e planaltos estavam desenhados com admirável exatidão.

Em 1957 – Ano Geofísico Internacional – os mapas foram encaminhados a um sacerdote jesuíta, o padre Lineham, que é diretor do Observatório Weston e cartógrafo a serviço da Marinha americana. Após escrupulosos exames, também o padre Lineham teve de confirmar a perfeição dos mapas, ainda mesmo quanto a regiões que só agora começam a ser exploradas. De fato, cadeias de montanhas que realmente existem na Antártida, e figuram nos mapas de Piri Reis, só foram descobertas em 1952. Essas montanhas têm permanecido cobertas de gelo há muitos séculos, e os mapas atuais da região em que elas se estendem só puderam ser realizados com o auxílio de aparelhos registradores de ecos (sonares).

Recentes pesquisas do prof. Charles H. Hapgood e do matemático Richard W. Strachan fornecem-nos informações ainda mais estonteantes. Um cotejo com fotografias do globo terrestre, batidas pelas câmeras instaladas para esse fim em vários satélites, mostrou que os modelos dos mapas de Piri Reis devem ter sido fotografias tomadas a grande distância no espaço. Como se poderá explicar isso?

Uma astronave paira bem alto sobre a cidade do Cairo e aponta objetivas fotográficas perpendicularmente para baixo. A chapa que for batida dará uma fotografia com as seguintes características: toda a área ao redor do Cairo estará reproduzida corretamente, num raio de 8 mil quilômetros, porque se encontrava diretamente sob a objetiva; mas tudo se apresentará deformado, e cada vez mais distorcido, quanto aos outros lugares e regiões, à medida que movermos os olhos para mais longe do centro da fotografia. Qual a razão desse fato?

Devido à forma esférica da Terra, as áreas distantes do centro da fotografia parecem "afundar-se" no espaço. A América do Sul, por exemplo, se apresenta estranhamente deformada no sentido longitudinal, exatamente como acontece nos mapas de Piri Reis! E exatamente como acontece nas fotografias tomadas de bordo de satélites exploratórios americanos.

Há uma ou duas afirmativas que podem ser feitas sem maior discussão. É fora de dúvida que nossos antepassados não desenharam aqueles mapas. Por outro lado, é evidente que foram desenhados com o auxílio da mais moderna aparelhagem técnica, posta em ação acima da estratosfera.

Como explicaremos tudo isso? Devemos satisfazer-nos com a lenda de que os mapas foram presenteados a algum sumo sacerdote por um "deus" qualquer? Devemos esquecer o caso ou considerá-lo "milagre" somente porque não se enquadra em nosso mundo de ideias? Ou devemos corajosamente mexer nesse ninho de vespas e admitir que aquela cartografia de nosso globo foi feita de um veículo aéreo planando a elevadíssima altitude ou de uma nave espacial?

É pacífica a opinião de que os mapas do almirante turco não constituem os originais do trabalho cartográfico: são apenas cópias de cópias de outras cópias. Entretanto, ainda que os mapas achados datassem originalmente da época em que foram descobertos, os estranhos fatos aqui apontados continuariam, da mesma forma, absolutamente inexplicáveis. Quem quer que os tenha feito deve ter sido capaz de voar muito alto e de tirar excelentes fotografias!

Não muito longe do mar, nos contrafortes andinos do Peru, jazem os restos da antiquíssima cidade de Nazca. O Vale do Taipa se estende por uma faixa de terra plana, com cerca de 60 quilômetros de comprimento por quase 2 de largura, que é semeada de fragmentos rochosos de colorido ferrugíneo. Os nativos dão a essa região o nome de "pampa", embora inexista ali qualquer espécie de vegetação. Quem voa sobre a área pode ver imensas linhas, traçadas geometricamente no solo. Umas correm paralelas entre si; outras se cruzam ou são rodeadas por grandes áreas trapeziformes.

Dizem os arqueólogos que se trata de estradas incas. Uma ideia absurda! Que uso poderiam ter, para os incas, estradas que seguem paralelas ou se entrecruzam repetidamente? Que correm em determinada planície, mas terminam abruptamente, em ambas as direções?

Naturalmente, aí se encontram também cerâmicas e produtos de olaria. Mas ligar à cultura de Nazca, somente por essa razão, aquelas linhas geometricamente coordenadas é querer simplificar demais as coisas.

Nenhuma escavação séria foi efetuada nesse sítio até 1952. Ainda não se estabeleceu uma cronologia para todos os restos ali encontrados. Só recentemente foram medidas as linhas e figuras geométricas. Os resultados sugerem a hipótese de que todo o traçado obedece a planos astronômicos. O prof. Alden Mason, especialista em antiguidades peruanas, suspeita que são símbolos de uma espécie de religião ou, talvez, um calendário. Vista do ar, a faixa de 60 quilômetros de extensão da planície de Nazca deu, pelo menos a *mim*, a claríssima impressão de um vasto campo de pouso.

Será essa ideia por demais avançada?

A pesquisa (igual a conhecimento) só se torna possível quando o elemento a ser investigado já tiver sido encontrado! Quando se consegue encontrá-lo, trata-se logo de o aparar e polir até que se transforme numa peça que se ajuste – muito miraculosamente – ao mosaico a ser completado. A Arqueologia clássica não admite que os povos pré-incaicos possam ter dominado uma técnica perfeita de levantamento. E, para aquela ciência, a teoria de que poderiam ter existido veículos aéreos na Antiguidade é pura tolice.

Nesse caso, que finalidade tinham as linhas de Nazca?

A meu ver, poderiam ter sido transferidas para aquela escala descomunal a partir de um pequeno modelo e usando-se um sistema de coordenadas. Ou poderiam ter sido feitas de acordo com instruções elaboradas e transmitidas por alguém que estivesse numa aeronave. Ainda não é possível afirmar que a planície de Nazca tenha sido um campo de pouso em qualquer época. Se aí se usou ferro, dele já nada restará. Mas, se a maioria dos metais se corrói em poucos anos, o mesmo não acontece com o solo rochoso. Que há de errado em lembrar a possibilidade de que as linhas tenham sido traçadas para dizer aos "deuses": "Pousai aqui! Tudo foi preparado como *vós* ordenastes"?

Os construtores das figuras geométricas talvez não tivessem a menor ideia do que estavam fazendo. Mas talvez soubessem, perfeitamente bem, do que precisavam os "deuses" para aterrissar.

Enormes desenhos, claramente dispostos como sinais a serem vistos por um ser voando a grande altura, foram encontrados nas encostas alcantiladas de montanhas, em muitos pontos do Peru. Que outra finalidade poderiam ter tido esses sinais?

Um dos mais singulares desses desenhos foi entalhado no alto paredão vermelho de um penhasco à margem da Baía de Tisco. Quem chega por mar pode divisar a 20 quilômetros de distância aquela figura de 250 metros de altura. Num jogo de adivinhações, a sugestão mais pronta seria a de que o entalhador ali gravou um imenso tridente ou um colossal candelabro de três braços. E uma comprida corda foi encontrada na coluna central desse sinal de pedra. Teria ela servido de pêndulo no passado?

Para sermos honestos, devemos confessar que estamos tateando na escuridão para explicar essas coisas. Elas não podem ser apropriadamente inseridas nos dogmas que conhecemos. Isso, porém, não quer dizer que os acadêmicos terão grande dificuldade em tratar devidamente o assunto, até que se encaixe no mosaico do pensamento arqueológico atualmente em voga.

Mas que terá levado os primitivos habitantes de Nazca a escavar aquelas linhas, a delimitar aquelas pistas de pouso, ao longo da planície? Que loucura os teria impelido a entalhar sinais de 250 metros em altos e empinados rochedos vermelhos ao sul de Lima?

Essas empreitadas teriam levado decênios para ser ultimadas, sem o uso de maquinaria e acessórios apenas atualmente disponíveis. E toda a tarefa teria sido despida de qualquer sentido se o resultado de tanto esforço não tivesse a finalidade de assegurar um balizamento seguro e indestrutível para seres que descessem de grande altura àquelas paragens. A mais provocante pergunta ainda está para ser respondida: por que teriam aqueles povos tão grande trabalho se não soubessem que seres voadores realmente existiam? A identificação de achados já não é problema a ser resolvido apenas pela Arqueologia. Um grupo de cientistas, representando os diferentes campos de pesquisa especializada, certamente poderia levar-nos mais perto da solução desses enigmas. Debates e troca de opiniões fariam surgir pontos de vista elucidantes. O perigo de uma pesquisa desse tipo não chegar a conclusões definitivas reside no fato de que os cientistas não levam a sério a proposição de tais indagações e, pior que isso, as ridicularizam. Viajantes espaciais nas brumas do remoto passado? Isso é tema inadmissível para cientistas das academias. E quem faz perguntas nesse terreno deveria consultar um psiquiatra.

Mas as perguntas estão aí. E, graças aos céus, perguntas que têm a impertinente qualidade de permanecer no ar até que sejam respondidas. E há muitas perguntas "inadmissíveis" como aquelas. Por exemplo: que diria alguém diante de um calendário (pré-histórico) que desse os equinócios, as estações do ano, as posições da Lua em cada hora, mesmo levando em conta a rotação da Terra?

Essa pergunta não é hipotética. Tal calendário existe. Foi encontrado na lama seca de Tiahuanaco. É um achado desconcertante. Põe em relevo fatos irrefutáveis e prova – se nossas convicções admitem tal prova – que os elaboradores desse calendário tinham nível de cultura superior ao nosso.

Outra descoberta fantástica foi a do Grande Ídolo. Esse monolito de arenito vermelho tem mais de 7 metros e pesa umas 20 toneladas. Foi achado no "Velho Templo". Coloca-nos, novamente, diante de uma contradição: a qualidade e precisão de centenas de símbolos gravados por todo o ídolo não se ajustam à técnica primitiva que presidiu a construção do edifício em que ele foi alojado. De fato, o edifício é conhecido como "Velho Templo" exatamente em razão do primitivismo que caracteriza a técnica com que foi construído.

H. S. Bellamy e P. Allan, em seu livro *O grande ídolo de Tiahuanaco*, deram razoável interpretação aos mencionados símbolos, que julgam ser o registro de um enorme conjunto de conhecimentos astronômicos, baseados, aliás, no conceito de que a Terra é um esferoide. Concluem, ainda, que o registro se encaixa perfeitamente na "Teoria dos Satélites", de Hoerbiger, publicada em 1927, portanto, cinco anos antes de se descobrir o ídolo. Essa teoria sustenta que a Terra capturou um satélite. À medida que ia sendo atraído para mais perto, sua influência diminuía a velocidade de revolução da Terra. Afinal, o satélite desintegrou-se e foi substituído pela Lua.

Os símbolos existentes no ídolo registram exatamente os fenômenos astronômicos que teriam ocorrido se, na ocasião do acontecimento configurado pela hipótese, o satélite estivesse dando 425 voltas ao redor da Terra durante um ano de 288 dias. Aqueles autores sentiram-se forçados a admitir que aquela documentação epigráfica retrata o estado do céu, a nosso redor, há 27 mil anos. E dizem textualmente: "Em geral, as inscrições do ídolo dão-nos a impressão de que foram feitas também como um documento para as gerações futuras".

Aqui, evidentemente, está um caso de grande antiguidade que exige melhor explicação que a de "um deus primitivo". Se essa interpretação dos símbolos pode ser confirmada, devemos indagar se todo aquele conhecimento sobre os astros foi desenvolvido por gente que ainda tinha muito que aprender no campo da arquitetura ou se aquela ciência astronômica procedeu de fontes extraterrenas. Em qualquer dos casos, a existência e registro de conhecimentos tão avançados como os que se demonstram no ídolo e no calendário são fatos que realmente nos deixam aturdidos.

A cidade de Tiahuanaco está cheia de segredos. Situa-se a mais de 4 mil metros de altitude e dista muitos quilômetros de qualquer outra coisa digna de menção. Partindo de Cuzco (Peru), atinge-se a cidade e os locais de escavação após uma viagem de vários dias, por ferrovia e barco. O panorama, que se observa no planalto, parece de outro planeta. Qualquer esforço físico é uma tortura para quem não é dali. A pressão atmosférica é cerca de metade da verificada ao nível do mar, de sorte que o oxigênio disponível é correspondentemente mais escasso. Entretanto, uma cidade imensa floresceu nesse planalto.

Não há tradições autênticas sobre Tiahuanaco. Talvez devêssemos alegrar-nos pelo fato de que, nesse caso, não é possível encontrar respostas aceitáveis usando as muletas da velha sabedoria ortodoxa. Sobre as ruínas, que são incrivelmente antigas (quanto o sejam, exatamente, é coisa que ainda não se sabe), pairam as névoas do passado, o desconhecimento e o mistério total.

Blocos de arenito com o peso de 100 toneladas são encimados por outros blocos, de 60 toneladas. Superfícies lisas com canaletes exatíssimos ligam-se a gigantescas pedras de cantaria, seguras entre si por grampos de cobre – curiosidade essa que nunca se havia encontrado antes em parte alguma da Antiguidade. E todos os trabalhos de pedra estão executados com extremo capricho. Em blocos, que pesam 10 toneladas, encontram-se furos de 2,5 metros de comprimento, cuja finalidade até agora não foi possível explicar. Nem as lajes desgastadas, de tão palmilhadas, com 5 metros de comprimento, e talhadas de uma só pedra, contribuem para a decifração da charada oculta por Tiahuanaco. De maneira desordenada, espalhados no solo, quais brinquedos, provavelmente por uma catástrofe de proporções inimagináveis, encontram-se condutores de água feitos de pedra, com 2 metros de comprimento, 0,5 metro de largura e de altura aproximadamente igual. Esses achados surpreendem por seu acabamento exato. Será que nossos antepassados de Tiahuanaco não tinham coisa melhor a fazer do que lapidar – sem ferramentas – durante anos condutores de água com precisão tal que nossos modernos produtos de cimento armado nem de longe conseguem imitar?

Em um pátio, hoje restaurado, existe grande quantidade de cabeças de pedra que – observadas com atenção – representam uma reunião das raças mais desencontradas: rostos de lábios finos ou grossos, de narizes afilados ou curvos, de orelhas delicadas ou grosseiras, de traços suaves ou angulosos. Sim, e algumas cabeças portam estranhos capacetes. Quererão todos esses vultos estranhos e exóticos trazer-nos uma mensagem, que nós – inibidos por obstinação e preconceito – não podemos ou não queremos entender?

Uma das grandes maravilhas arqueológicas da América do Sul é a monolítica Porta do Sol, de Tiahuanaco: escultura gigantesca, talhada de um único bloco, que mede 3 metros de altura e quase 5 de largura. O peso dessa obra de entalhador de pedra é calculado em mais de 10 toneladas. Em três fileiras, quarenta e oito figuras quadradas flanqueiam um ser que representa um deus em voo.

O que diz a lenda sobre a cidade misteriosa de Tiahuanaco?

Ela menciona uma espaçonave dourada, procedente das estrelas, em que veio uma mulher – Orjana era seu nome – para cumprir a missão de tornar-se mãe primeva da Terra. Orjana, que possuía quatro dedos apenas, ligados entre si por nadadeiras, deu à luz setenta filhos terrestres, regressando em seguida às estrelas.

De fato, encontramos em Tiahuanaco desenhos em rochas que mostram seres de quatro dedos. A idade de tais desenhos não pode ser fixada. Nenhum ser humano de qualquer período cronológico, conhecido nosso, viu Tiahuanaco a não ser em ruínas.

Qual o segredo que nos oculta essa cidade? Qual a mensagem de outros mundos que no planalto boliviano espera sua decifração? Não há explicação plausível nem sobre a origem nem sobre o fim dessa cultura. Isso, naturalmente, não impede que alguns arqueólogos temerários e seguros de si afirmem ter o conjunto de ruínas a idade de 3 mil anos. Deduzem eles essa idade de algumas ridículas figurinhas de barro que de modo algum têm algo em comum com a época dos monólitos. É uma atitude comodista. Colam-se alguns cacos velhos, anda-se à procura de algumas culturas situadas nas vizinhanças, coloca-se uma etiqueta sobre o achado restaurado e – abracadabra! – novamente tudo se enquadra às mil maravilhas no sistema de pensamento tradicional. Esse método, por certo, é imensamente mais simples do que arriscar-se à ideia de uma técnica embaraçante ou até à de cosmonautas na mais recuada Antiguidade. Pois isso complicaria as coisas desnecessariamente.

Não nos esqueçamos de Sacsayhuaman: não me refiro aqui às fantásticas instalações de fortificação dos incas, situadas poucos metros acima da atual Cuzco, nem aos blocos monolíticos de mais de 100 toneladas de peso, nem aos terraços murados de 500 metros de comprimento e 18 de altura, diante dos quais estaca hoje o turista e tira uma foto de lembrança. Estou falando da Sacsayhuaman desconhecida, situada à distância de um escasso quilômetro apenas da conhecida fortificação incaica.

Nossa imaginação não basta para conceber que recursos técnicos os nossos antepassados terão usado para extrair da pedreira um bloco monolítico de rocha com mais de 100 toneladas de peso, bem como para transportá-lo, a fim de o lavrar em local tão distante. Mas nossa imaginação, consideravelmente saturada pelas conquistas técnicas do presente, é posta realmente em estado de choque se deparamos com um bloco de aproximadamente 20 mil toneladas. Quem volta dos fortes de Sacsayhuaman encontra, a poucas centenas de metros de distância, no declive da montanha, e dentro de uma cratera, esse imenso colosso: um bloco de pedra único, do tamanho de uma casa de quatro andares. É lavrado, sem falhas, segundo o melhor estilo profissional. Inclui degraus, bem como rampas, e é ornamentado de espirais e orifícios. É fora de dúvida que a lavragem desse incrível bloco de pedra não constituiu puro hobby de horas vagas dos incas, mas que, ao contrário, deve ter servido a um fim – hoje ainda não explicável. E, para que a solução do enigma não seja fácil demais, todo esse bloco gigantesco ainda se encontra de cabeça para baixo: os degraus, portanto, partem do teto, vindo de cima para baixo; os orifícios, como se fossem marcas de granadas, apontam várias direções; estranhas depressões, com a forma de poltrona, parecem flutuar no espaço. Quem pode imaginar que mãos humanas, e inteligência humana, extraíram, transportaram e lavraram esse bloco? E que força o derrubou?

Quais as forças titânicas que aqui estiveram em jogo? E para que finalidade?

Ainda repletos de estupefação ante esse monstro de pedra, encontramos, a menos de 300 metros de distância, vitrificações de rocha que, a rigor, somente deveriam ser possíveis pela fusão de pedras sob as mais elevadas temperaturas. Ao viajante estupefato dá-se, *in situ*, a lapidar explicação de haverem as pedras sido polidas pelas massas glaciais em degelo. Uma explicação absurda! Uma geleira, como qualquer massa flutuante, logicamente fluiria para determinado lado. Essa característica da matéria, não importando em que época se tenham formado as vitrificações, dificilmente se teria alterado. De qualquer maneira, não é de presumir que a geleira tenha deslizado por uma superfície de uns 15 mil metros quadrados, em seis direções diferentes!

Sacsayhuaman e Tiahuanaco encerram uma abundância de segredos pré-históricos, para os quais se oferecem explicações baratas, superficiais, porém não convincentes. Aliás, também se encontram vitrificações de areia no deserto de Gobi e nas proximidades de antigos locais de achados iraquianos. Quem saberá por que essas vitrificações de areia se assemelham àquelas que se formaram durante as explosões atômicas no deserto de Nevada?

Faz-se algo de decisivo para que os enigmas pré-históricos recebam uma solução convincente? Em Tiahuanaco veem-se avantajadas elevações artificiais cujos cimos, absolutamente planos, se estendem por uma área de 4 mil metros quadrados. É muito provável que debaixo delas existam edifícios soterrados. Até agora não foi feita vala alguma através dessa cadeia de colinas, nenhuma enxada procurou cavar até a solução do enigma. Evidentemente, há pouco dinheiro para isso. Mas o viajante, não raro, vê soldados e oficiais, que, obviamente, nada de útil têm para fazer. Seria absurdo mandar um grupo de soldados fazer escavações sob orientação de peritos?

Para quantas outras coisas há dinheiro de sobra neste mundo! A pesquisa para o futuro é de suprema importância. Enquanto nosso passado não houver sido descoberto, uma coluna na contabilidade do futuro permanece em branco: não poderá o passado revelar-nos soluções técnicas que não precisarão ser inventadas agora, porque já o haviam sido na pré-história?

Se o anseio de descobrir nosso passado não bastar como alavanca propulsora de pesquisas modernas intensivas, a régua de cálculo possivelmente poderá entrar em ação corroborante. Até agora, em todo caso, nenhum cientista foi convidado a proceder, mediante os mais modernos instrumentos de trabalho, a pesquisas de radiação em Tiahuanaco ou Sacsayhuaman, no deserto de Gobi ou nas lendárias Sodoma e Gomorra. Textos cuneiformes e plaquetas de Ur, os livros mais antigos da humanidade, relatam, sem exceção, que "deuses" viajavam de barco nos céus; que "deuses" vinham das estrelas, possuíam armas terríveis e voltavam para as estrelas. Por que não procuramos esses "deuses" antigos? Nossa radioastronomia emite sinais para o Cosmo e tenta receber sinais de seres inteligentes extraterrestres. Mas por que não procuramos, antes ou simultaneamente, vestígios de seres inteligentes extraterrenos em nossa própria Terra, situada bem mais perto? Pois não nos movemos cegamente, no interior de um recinto escuro – os vestígios estão aí, inequivocamente, para todos quantos queiram vê-los.

Os sumérios começaram, 2.300 anos antes de nossa era, a registrar seu passado glorioso. Ainda hoje não sabemos de onde proveio esse povo. Mas sabemos que os sumérios trouxeram consigo uma cultura superior, plenamente desenvolvida, que impunham aos semitas, em parte ainda bárbaros. Também sabemos que sempre procuravam seus deuses sobre cumes de montanhas e que – quando nas regiões por eles habitadas não havia elevações – faziam aterros nas planícies, formando morros artificiais. Sua astronomia era incrivelmente avançada: seus observatórios obtinham cálculos do ciclo lunar que diferiam de 0,4 segundo apenas dos cálculos atuais. Além da fantástica epopeia de Gilgamesh, sobre a qual ainda falaremos mais tarde, legaram-nos algo certamente sensacional: na colina de Kuyundjik, a antiga Nínive, foi encontrado um cálculo cujo resultado final, em nossa numeração, corresponde a 195.955.200.000.000. Um número de quinze casas! Nossos citadíssimos e intensamente pesquisados ancestrais de cultura ocidental, os velhos e inteligentes gregos, no período do auge do brilho de seu saber, não subiram acima do número 10 mil. O que passava dali designava-se simplesmente como "infinito".

Os antigos escritos cuneiformes atribuem aos sumérios uma duração de vida simplesmente fantástica. Assim, os dez primeiros reis governaram, no total, 456 mil anos e os vinte e três reis que, depois do dilúvio, tiveram aborrecimentos com a reconstrução geral ainda conseguiram alcançar um período governamental de 24.510 anos, 3 meses e 3 dias e meio.

São períodos de vida completamente incompreensíveis para nosso saber, embora os nomes dos muitos potentados se encontrem eternizados nitidamente em longas listas gravadas sobre tijolos e moedas.

Que aconteceria se também aqui ousássemos tirar os antolhos e olhar as coisas de antanho com olhos novos, olhos de hoje?

Suponhamos que, na verdade, astronautas de outros mundos tivessem visitado a região de Súmer há milhares de anos. Presumamos que tivessem estabelecido os fundamentos da civilização e da cultura dos sumérios para, após essa ajuda à evolução local, retornarem a seu planeta. Conjeturemos que a curiosidade os tivesse impelido a voltar, cada 100 anos terrestres, aos locais de seu trabalho pioneiro, para verificar os resultados de sua sementeira. Segundo as escalas da expectativa de vida atual, os astronautas poderiam ter sobrevivido facilmente 500 anos terrestres. Não? A teoria da relatividade prova que os astronautas, durante o voo numa astronave que se movesse pouco abaixo da velocidade da luz, só teriam envelhecido pouco mais de 40 anos durante as viagens de ida e volta. Os sumérios, ainda incultos, teriam construído, através de séculos, torres, pirâmides e casas com todo o conforto para seus "deuses" e lhes teriam oferecido sacrifícios enquanto aguardavam seu regresso. E, 100 anos depois, de fato regressavam. "E depois veio o dilúvio, e após o dilúvio a realeza tornou a descer mais uma vez do céu...", reza um escrito cuneiforme sumério.

Como imaginavam e representavam os sumérios seus poderosos "deuses"? A mitologia suméria e algumas plaquetas e quadros acádicos disso nos informam. Os "deuses" sumérios não tinham forma humana, e o símbolo de cada um dos deuses era invariavelmente ligado a uma estrela. Em quadros acádicos, as estrelas estão reproduzidas assim como nós as desenharíamos hoje. O singular, porém, é que essas estrelas são rodeadas de planetas de diversos tamanhos. De onde sabiam os sumérios, a quem faltava nossa técnica de observação astronômica, que uma estrela fixa possui planetas? Existem esboços em que pessoas usam estrelas na cabeça, outras que cavalgam bolas com asas. Há uma representação que, à primeira vista, dá a impressão de um modelo de átomo: um círculo de globos dispostos a pequena distância uns dos outros e alternadamente irradiantes. Nenhum abismo é tão assustador, nenhum céu tão cheio de milagres como o legado dos sumérios é repleto de problemas, enigmas e mistérios, quando observado com "olhos de espaço cósmico".

Aqui estão apenas algumas das muitas curiosidades da mesma área geográfica:

Em Geoy Tepe, desenhos de espirais, uma raridade há 6 mil anos.

Em Gar Kobeh, uma indústria de pederneiras, à qual se atribuem 40 mil anos de idade.

Em Baradostian, achados idênticos, com a idade provável de 30 mil anos.

Em Tepe Asiab, figuras, túmulos e instrumentos de pedra com data anterior a 13 mil anos passados.

No mesmo local, foram encontrados excrementos petrificados que, possivelmente, não são de origem humana.

Em Karim Schair, encontraram-se buris e outras ferramentas.

Em Barda Balka, foram desenterradas ferramentas e armas de pederneira.

Na caverna de Schandiar, encontraram-se esqueletos de homens adultos e o de uma criança, que datam de cerca de 45 mil anos antes de nossa era, conforme avaliação realizada pelo processo do C-14.

A lista é passível de ser profusamente complementada e continuada, e cada fato consolidaria cada vez mais a constatação de que no espaço geográfico de Súmer, há cerca de 40 mil anos, vivia um aglomerado de seres humanos primitivos. De repente, por motivos até agora impossíveis de imaginar, lá estavam os sumérios, com sua astronomia, sua cultura e sua técnica.

As conclusões a serem tiradas da presença de visitantes espaciais na Terra em períodos pré-históricos têm de ser ainda completamente especulativas. Pode-se imaginar que alguns "deuses" chegaram e reuniram a seu redor os semisselvagens na planície de Súmer e lhes transmitiram parte de seus conhecimentos. As figurinhas e estátuas que hoje nos olham das vitrinas de museus mostram uma mistura de raças: olhos esbugalhados, fronte curvada, lábios estreitos e geralmente nariz reto e comprido. Quadro esse que combina mal, muito mal mesmo, com nosso sistema esquemático de pensar e com nossos conceitos sobre os povos primitivos.

> Visitantes do espaço cósmico na remota Antiguidade? No Líbano existem fragmentos de rocha vítrea, chamados tectites, nos quais o americano dr. Stair descobriu isótopos radioativos de alumínio.
>
> No Iraque e no Egito foram encontradas lentes lapidadas de cristal, que hoje só podem ser manufaturadas mediante a aplicação de óxido de césio, produto obtido apenas por processos eletroquímicos.
>
> Em Heluã existe um pedaço de pano tecido com uma delicadeza e suavidade que hoje só poderiam ser reproduzidas numa fábrica especializada, por tecelões de grandes conhecimentos e notável experiência técnica.
>
> No Museu de Bagdá estão expostas pilhas elétricas secas, que trabalham segundo o princípio galvânico.
>
> No mesmo local podem ser admirados elementos elétricos com eletrodos de cobre e um eletrólito desconhecido.
>
> No departamento egípcio da Universidade de Londres há um osso pré-histórico amputado com mestria 10 centímetros acima da articulação da mão direita, em corte liso de 90 graus.

> Na montanhosa região asiática de Kohistan existe um desenho, em certa caverna, que reproduz as posições exatas dos corpos celestes, como de fato as ocupavam há 10 mil anos. Os planetas Vênus e Terra estão unidos por linhas.
>
> No planalto do Peru foram encontrados ornamentos fundidos em platina.
>
> Num túmulo em Yungjen (China) encontraram-se partes de um cinto feitas de alumínio.
>
> Em Délhi existe um velho pilar de ferro que não contém fósforo nem enxofre e, por isso, não pode ser destruído por influências meteorológicas.

Essa abundância de "coisas impossíveis", afinal, deveria nos deixar ao menos curiosos e inquietos. Mediante quais recursos e qual intuição seres primitivos, habitantes de cavernas, chegam a desenhar os astros em suas posições exatas? De que oficina de precisão se originam as lentes de cristal lapidado? Como conseguiam fundir e modelar ornamentos de platina, uma vez que esta só começa a fundir-se a uma temperatura de 1.800 graus? E como obtinham alumínio, metal que só com dificuldades consideráveis pode ser extraído da bauxita?

Perguntas embaraçosas, vamos admitir, mas acaso não é preciso que as formulemos? Como não estamos preparados a aceitar, ou admitir, que antes de nossa cultura tenha havido outra mais elevada – ou um nível técnico semelhante ao nosso na Pré-História –, só resta mesmo a hipótese de visitas do espaço cósmico. Enquanto a Arqueologia for conduzida como até agora, nunca, provavelmente, teremos oportunidade de saber se nossa Antiguidade era de fato atrasada ou, talvez, muito esclarecida.

Está sendo necessário programar "um ano arqueológico do fantástico", em que arqueólogos, físicos, químicos, geólogos, metalurgistas e especialistas de todos os ramos ligados a essas ciências se dediquem a soluções de um único problema: receberam nossos antepassados visitas do espaço cósmico?

Por exemplo, um metalurgista poderá explicar concludente e rapidamente a um arqueólogo quão complicado é obter alumínio. Não é imaginável que um físico reconheça uma fórmula, à primeira vista, num desenho sobre rocha? Um químico, com seus instrumentos altamente desenvolvidos, talvez possa confirmar a suspeita de que obeliscos tivessem sido extraídos da pedreira por meio de cunhas de madeira embebidas em água ou graças ao emprego de ácidos desconhecidos. O geólogo deve-nos toda uma série de respostas a perguntas sobre o que há com relação a determinados depósitos da era glacial. À mesma equipe deverá naturalmente juntar-se uma turma de escafandristas, que procure no Mar Morto vestígios radioativos de uma eventual explosão atômica sobre Sodoma e Gomorra.

Por que as bibliotecas mais antigas do mundo são bibliotecas secretas? De que, afinal, se tem medo? É a preocupação de que a verdade, protegida e oculta durante muitos milênios, venha à luz?

A pesquisa e o progresso não são passíveis de ser detidos. Durante 4 mil anos, os egípcios consideraram seus "deuses" seres reais. Nós, ainda na Idade Média, matávamos "bruxas", tão ardente era nosso zelo pela manutenção dos conceitos então vigentes. A crença dos gregos antigos quanto à possibilidade de prever o futuro com base no exame das entranhas de um ganso hoje em dia é tão superada como a convicção dos ultraconservadores de que o nacionalismo ainda tenha qualquer importância.

Temos a corrigir mil e um erros do passado. A confiança em nós mesmos, que vivemos fingindo, é inteiramente vã e representa apenas uma forma aguda de obstinação. Continua reinando nos congressos de cientistas ortodoxos a ilusão de que uma coisa deve ser comprovada antes que uma pessoa "séria" deva – ou possa – ocupar-se dela.

Antigamente, aquele que exprimia um pensamento novo sofria proscrições e perseguições. Aparentemente tudo se tornou mais fácil. Já não há anátemas, nem mais se acendem fogueiras. Entretanto, os métodos de nossa época, embora menos espetaculares, nem por isso deixam de ser inibidores do progresso. O sistema é menos ruidoso e muito mais elegante. Mediante *killer-phrases*, como dizem os americanos, as hipóteses e as ideias insuportavelmente audaciosas são silenciadas ou rejeitadas. Muitas são as possibilidades:

> É contra o regulamento! (Que é sempre bom!)
>
> É muito pouco clássico! (Fato que impressiona!)
>
> É demasiado radical! (Sem paralelo em seu efeito repelente!)
>
> As universidades não ensinam isto! (Convincente!)
>
> Outros também já o tentaram! (Sem dúvida! Mas com que êxito?)
>
> Não podemos ver sentido nisso! (Por isso mesmo!)
>
> É contrário à religião! (O que se pode dizer a isso?)
>
> Tal coisa ainda não foi provada! (*Quod erat demonstrandum!*)

"O bom-senso", exclamou há quinhentos anos um cientista no tribunal, "deve dizer-nos que a Terra não pode ser um globo, pois, se assim fosse, os homens situados na metade inferior se precipitariam ao abismo!"

"Em parte alguma da Bíblia se afirma", disse outro, "que a Terra gira ao redor do Sol. Portanto, uma afirmação nesse sentido é obra do diabo!"

Parece que a parvoíce sempre foi reação característica especial nas épocas em que surgiram novos mundos de ideias. Mas, no limiar do século XXI, o pesquisador deveria estar preparado para enfrentar realidades fantásticas. Deveria estar ávido de proceder a uma revisão das leis e dos conhecimentos que durante milênios foram tidos como tabus, mas que estão postos em xeque por novos conhecimentos. Ainda que um exército reacionário de detentores do Prêmio Nobel esteja tentando opor barreiras a essa nova avalancha espiritual, será preciso, em nome da verdade e da realidade, conquistar um mundo novo contra todos aqueles que não querem aprender. Quem, há 20 anos, falasse a respeito de satélites artificiais em círculos científicos cometia uma espécie de suicídio acadêmico. Hoje, corpos celestes artificiais, isto é, satélites, circulam em órbita ao redor do Sol, fotografaram Marte, tendo descido suavemente na Lua e em Vênus, a fim de irradiar para a Terra, com suas câmeras fotográficas (de turistas), fotos de primeira classe da exótica paisagem. Quando, na primavera de 1965, foram irradiadas à Terra as primeiras de tais fotografias de Marte, ocorreu isso com uma intensidade de 0,000.000.000.000.000.01 watts, quantidade de energia de uma debilidade quase inimaginável.

Entretanto, NADA mais é inimaginável. A palavra "impossível" deveria ter-se tornado literalmente impossível ao pesquisador moderno.

Permaneçamos, pois, insistentemente com nossa hipótese segundo a qual, há ignotos milhares de anos, astronautas vindos de planetas estranhos realmente visitaram a Terra. Sabemos que nossos inocentes e primitivos antepassados nada podiam perceber da técnica superior dos astronautas. Veneravam-nos como "deuses", que vinham de outras estrelas, e os astronautas não tinham alternativa senão a de admitir que se manifestasse tal veneração – homenagem, aliás, para a qual nossos próximos astronautas deverão, de fato, estar preparados espiritualmente, quando visitarem outros planetas.

Em algumas partes da Terra, ainda hoje vivem seres primitivos para os quais a metralhadora é uma arma diabólica. Para eles, um avião a jato será, talvez, um veículo de anjos. Não escutarão eles, pelo rádio, a voz de um "deus"? Mesmo esses últimos primitivos legam em suas lendas às gerações sucessivas, ingênua e inocentemente, as impressões das conquistas técnicas que nos parecem naturais. Continuam riscando suas figuras de "deuses" e suas naves maravilhosas vindas do céu, em paredões de rochas e cavernas. De fato, os selvagens, destarte, nos conservaram o que hoje procuramos.

Desenhos de cavernas em Kohistan, na França, na América do Norte, na Rodésia do Sul, no Saara, no Peru ou no Chile estão situados na linha de nossa hipótese. Henri Lhote, pesquisador francês, descobriu em Tassili (Saara) algumas centenas (!) de paredes pintadas com muitos milhares de representações de animais e homens, entre elas figuras com elegantes roupagens curtas; trazem bastões sustentando caixas retangulares indefiníveis. Ao lado de pinturas de animais, surpreendem-nos seres revestidos com uma espécie de traje de escafandrista. O Grande Deus Marte – assim Lhote batizou um desenho gigantesco – tinha originalmente 6 metros de altura; o "selvagem", no entanto, que nos legou esse desenho não poderá ter sido tão primitivo como nós desejaríamos para que tudo se enquadrasse limpamente no velho sistema do pensamento. Pois, de qualquer maneira, o "selvagem" necessitava, obviamente, de um andaime de trabalho para poder desenhar na devida proporção, pois não ocorreram deslocamentos de nível durante os últimos milênios nessas cavernas. A nós, sem fazermos exigências extremas à imaginação, quer parecer que o grande deus marciano foi representado numa roupa espacial ou de escafandrista. Sobre seus imponentes e fortes ombros descansa um capacete, ligado ao tronco por uma espécie de articulação. Nos pontos que correspondem à boca e ao nariz, o capacete apresenta apropriadas fendas. De bom grado acreditar-se-ia num acaso ou até na imaginação criativa do "artista" pré-histórico, se essa representação fosse única, mas em Tassili encontraram-se várias dessas figuras desajeitadas, identicamente equipadas. Também nos Estados Unidos (Tulare, região da Califórnia), quadros muito parecidos foram encontrados nos paredões de rochas.

Desejando considerar as coisas com generosidade, também estamos prontos a admitir que os primitivos não eram suficientemente hábeis e retratavam as figuras de maneira um tanto grosseira. Por que, porém, esses mesmos primitivos habitantes de cavernas foram capazes de retratar com perfeição o gado e as criaturas humanas normais? Por isso nos parece mais sensato admitir que os "artistas" eram perfeitamente capazes de representar aquilo que de fato viam. Em Inyo County (Califórnia), num desenho de caverna, uma claríssima figura geométrica – sem qualquer exagero de imaginação – é identificável como uma régua de cálculo normal, em moldura dupla. A Arqueologia opina, a respeito disso, que os desenhos são representações de deuses...

Sobre um recipiente de cerâmica encontrado no Irã (Siyalk), apresenta-se um animal de raça desconhecida, com enormes chifres retíssimos sobre a cabeça. Por que não? Mas cada chifre ostenta, à esquerda e à direita, cinco espirais. Se imaginarmos duas hastes com grandes isoladores de porcelana, teremos a imagem mental aproximada desse desenho. Que diz sobre isso a Arqueologia? Muito simplesmente que se trata do símbolo de um deus. Os deuses são de grande valia: explica-se muita coisa – e, especialmente, o inexplicável – apelando-se para a inacessibilidade e a sobrenaturalidade deles. Nesse mundo peculiar do indemonstrável, eles podem viver em paz. Qualquer figurinha que seja encontrada, qualquer objeto que se restaurar, qualquer estatueta que possa ser reconstituída, logo se liga a uma ou outra religião antiga. Se, no entanto, determinado elemento não combina, nem mesmo à força, com qualquer das religiões conhecidas, então, por um toque de mágica, cria-se, instantaneamente, um novo culto louco dos antepassados – assim como o prestidigitador tira coelhos de uma cartola. Dessa forma, tudo fica novamente certo e assentado.

Mas ponderemos: e se os afrescos em Tassili, nos Estados Unidos ou na França realmente reproduzem aquilo que os primitivos viram? Que se deve responder se as espirais nas hastes representam de fato antenas, assim como os antigos as viram nos "deuses" estranhos? Não é possível que efetivamente existam coisas "que não deveriam existir"? Um "selvagem" que, de qualquer maneira, possui a habilidade de produzir pinturas murais afinal já não pode ser considerado tão selvagem assim. O desenho mural da dama branca de Brandberg (África do Sul) poderia ser uma pintura do século XX: usa pulôver de mangas curtas, calças bem agarradas, luvas, ligas e sandálias. A dama não está só: atrás dela, em pé, está um homem magro, com uma estranha haste farpada na mão; na cabeça, traz um capacete muito complicado, com uma espécie de viseira. Como pintura moderna, aceito sem objeção! O problema está em que se trata de um desenho de caverna pré-histórica.

Todos os deuses representados em desenhos de cavernas na Suécia e na Noruega quase sempre se apresentam com cabeças mal definidas. São cabeças de animais, dizem os arqueólogos. Quão absurda é a ideia de venerar um "deus" que simultaneamente se mata e come! Frequentemente veem-se navios com asas e, muitas vezes, antenas típicas, inconfundíveis.

Em Val Camonica (Brescia, Itália), novamente aparecem vultos em roupas disformes, os quais, para nosso aborrecimento, também têm cornos na cabeça. Não podemos ir tão longe a ponto de afirmar que os habitantes das cavernas italianas mantinham intenso programa de viagens até a América do Norte ou a Suécia, ou entre o Saara e a Espanha (Ciudad Real), a fim de transmitir seus talentosos processos artísticos. Fica, pois, no ar a pergunta desagradável: Por que os primitivos, independentemente uns dos outros, criaram vultos em roupas desajeitadas, com antenas sobre a cabeças?

Nenhuma palavra se deveria desperdiçar sobre essas curiosidades não esclarecidas se elas existissem numa só localidade do mundo. Mas são encontradas quase em toda parte!

Assim que contemplarmos o passado com visão própria de nossos dias e preenchermos certas lacunas com recursos imaginativos de nossa era técnica, os véus descidos sobre a Pré-História começarão a levantar-se. O estudo de antiquíssimos livros sagrados, no decorrer do próximo capítulo, dará à minha hipótese uma verossimilhança tão grande que, por fim, os pesquisadores do passado não poderão mais fugir às perguntas revolucionárias.

4 Seriam astronautas os "deuses"?

A Bíblia certamente tem razão — Dependia Deus do tempo?

A Arca da Aliança de Moisés continha carga elétrica

Veículos cósmicos dos "deuses" na areia do deserto

O dilúvio foi planejado

Por que os "deuses" exigiam determinados metais?

A Bíblia está cheia de mistérios e contradições. O Gênesis, por exemplo, começa com a criação da Terra, que é contada com absoluta precisão geológica. De onde, porém, sabia o cronista que os minerais precederam às plantas e as plantas aos animais?

"Façamos o homem segundo a nossa imagem...", reza o Primeiro Livro de Moisés.

Por que Deus fala no plural? Por que Ele diz "nós" e não "eu", por que "nossa" e não "minha"? Dever-se-ia esperar que Deus, sendo único, falasse aos homens no singular, e não no plural.

"Como os homens tivessem começado a multiplicar-se sobre a Terra, e tivessem gerado suas filhas, vendo os filhos de Deus que as filhas dos homens eram belas, tomaram por mulheres as que dentre elas escolheram." (Gênesis 6:1-2)

Quem pode responder se perguntarmos quais filhos de Deus tomavam como mulheres as filhas dos homens? Pois o antigo Israel tinha um único Deus intocável. De onde provêm os "filhos de Deus"?

"Naquele tempo havia gigantes sobre a Terra. Porque, quando os filhos de Deus se juntaram às filhas dos homens e estas lhes deram filhos, nasceram aqueles homens possantes, que tão famosos são na Antiguidade." (Gênesis 6:4)

Aqui surgem, de novo, os filhos de Deus, que se casam com as filhas dos homens. Aqui também, pela primeira vez, se fala em gigantes! "Gigantes" aparecem, a cada momento e em todas as partes, nas mitologias do Oriente e do Ocidente, nas lendas de Tiahuanaco e nas epopeias dos esquimós. "Gigantes" são fantasmagorias presentes em quase todos os livros antigos. Portanto, devem ter existido. Que espécie de seres foram esses "gigantes"? Teriam sido antepassados nossos, que erigiram construções colossais e que, brincando, deslocavam monólitos? Ou foram astronautas, tecnicamente experimentados, procedentes de outra estrela? Uma coisa é certa: a Bíblia fala em "gigantes" e os designa como "filhos de Deus", e esses "filhos de Deus" unem-se às filhas dos homens e multiplicam-se.

O Livro do Gênese nos transmite, no capítulo 19, 1 a 28, um longo relato, muito minucioso e excitante em seus pormenores, sobre a catástrofe de Sodoma e Gomorra. Se associarmos nossos atuais conhecimentos àquela narrativa, logo despertaremos ideias novas, nada absurdas.

À tardinha, chegaram dois anjos a Sodoma, quando pai Ló estava justamente sentado à porta da cidade. Obviamente, Ló esperava esses "anjos", que logo se revelaram como homens, pois Ló os reconheceu imediatamente e os convidou hospitaleiramente a pernoitar em sua casa. Os libertinos da cidade, narra a Bíblia, desejavam "coabitar" com os varões estrangeiros. Estes, porém, com um único gesto, foram capazes de liquidar os apetites sexuais dos "playboys" indígenas: os perturbadores da paz ficaram cegos.

Os "anjos" convidaram Ló a conduzir sua mulher, seus filhos e filhas, os genros e as noras imediatamente para fora da cidade, pois, assim advertiram, a cidade dentro em pouco seria destruída. A família parece que não confiou muito nesse estranho convite e tomou tudo como uma brincadeira de mau gosto do pai Ló. Tomemos o Livro do Gênesis, literalmente:

"Começando a raiar a aurora, os anjos apressaram Ló, dizendo-lhe: 'Anda, toma depressa tua mulher e tuas duas filhas, não suceda que também tu pereças na ruína da cidade'. Como ele, porém, ainda hesitasse, os homens pegaram pela mão a ele, à mulher dele e às duas filhas, porque o Senhor queria poupá-lo; conduziram-no e o deixaram lá fora da cidade. Depois que os haviam levado para fora, o anjo falou: 'Salva tua vida, não olha para trás e não para nos arredores! Esconde-te nas montanhas, para que não sejas destruído!... Rápido, salva-te, vai para lá, pois nada posso fazer antes de tu lá chegares'".

Após esse relatório, não há dúvida de que os dois estrangeiros, os "anjos", dispunham de um poder desconhecido pelos habitantes da região. Dá que pensar, também, a compulsória força sugestiva, a insistência com que apressaram a família de Ló. Enquanto pai Ló ainda hesitava, arrastaram-no pelas mãos para fora. Deve ter sido questão de minutos. Ló devia, assim ordenaram eles, ir para as montanhas e não voltar-se para trás. Pai Ló, aliás, parece não ter tido um respeito ilimitado pelos "anjos", pois cada vez de novo arrisca objeções: "...mas nas montanhas não posso me salvar, o mal poderia alcançar-me, e eu viria a morrer...". Pouco depois, os "anjos" confessam que nada podem fazer por ele se não obedecer.

Que aconteceu, realmente, em Sodoma? Não é possível imaginar que Deus Todo-Poderoso esteja preso a qualquer esquema cronológico. Por que, pois, essa pressa dos "anjos"? Ou a destruição da cidade teria sido prefixada para o minuto exato? Teria a contagem regressiva já começado e os "anjos" disso saberiam? Então, evidentemente, o prazo para a destruição teria sido fatal. Não teria havido um método mais simples para pôr a família de Ló em segurança? Por que cargas-d'água deveriam ir para as montanhas a qualquer custo? E por que não deveriam olhar, nem uma vez ao menos, para trás?

Perguntas talvez irreverentes quanto a um assunto sério, concordamos. Mas, desde que no Japão foram despejadas duas bombas atômicas, sabemos quais os danos causados; sabemos que os seres vivos, expostos ao efeito direto da radiação, morrem ou adoecem incuravelmente. Imaginemos que Sodoma e Gomorra tenham sido destruídas segundo um plano, isto é, deliberadamente, por meio de uma explosão nuclear. Talvez os "anjos" – continuemos nossa especulação – quisessem simplesmente destruir perigoso material atômico, aproveitando o ensejo para aniquilar grupos humanos que lhes eram desagradáveis. O instante cronológico da destruição havia sido fixado. Quem devesse sair ileso – como a família de Ló – precisaria ficar a alguns quilômetros de distância do centro da explosão, nas montanhas: as paredes rochosas absorvem naturalmente os perigosos raios duros. Sim, mas – quem não o sabe? – a mulher de Ló virou-se e olhou diretamente para o sol atômico. A mais ninguém admira que ela tenha sucumbido na hora. "O Senhor, porém, mandou chover enxofre e fogo sobre Sodoma e Gomorra..."

E o Gênese assim finaliza o relatório da catástrofe: "No outro dia, bem cedo, Abraão partiu e foi ao local onde havia estado com o Senhor. Levantando os olhos para Sodoma, Gomorra e toda a terra adjacente, viu que se elevavam da terra cinzas inflamadas, como fumaça que sai duma fornalha".

Podemos ser religiosos como nossos avós, mas certamente somos menos crédulos. Não podemos imaginar, nem com a melhor das boas vontades, um Deus onipotente, onipresente e onibondoso, que esteja acima dos conceitos de tempo e, entretanto, não saiba o que acontecerá. Deus criou o homem e ficou satisfeito com sua obra. Apesar disso, parece ter se arrependido mais tarde de seu feito, porque o mesmo Criador resolveu aniquilar o homem. A nós, filhos de uma época esclarecida, também parece difícil pensar num pai extremamente bondoso que, entre inúmeros outros, prefira seus assim chamados "filhos favoritos", como justamente a família de Ló. O Antigo Testamento dá descrições insistentes, em que Deus sozinho ou seus anjos, sob grande ruído e forte desenvolvimento de fumaça, desciam em voo direto do céu. Uma das descrições mais originais dessas ocorrências foi legada pelo profeta Ezequiel:

"Aconteceu, no trigésimo ano, no quinto dia do quarto mês, quando eu me encontrava no Rio Quebar entre os exilados. Lá se abriu o céu... eu, porém, vi como veio do norte um vento tempestuoso e uma grande nuvem, envolta em resplendor e incessante fogo, em cujo centro refulgia algo como metal brilhante. E bem ao meio apareceram vultos como de quatro seres vivos, cujo aspecto se assemelhava a vultos humanos. E cada um tinha quatro rostos e cada um quatro asas. Suas pernas eram retas, e a planta dos pés era como a planta do pé de um bezerro, e brilhavam como metal polido".

Ezequiel indica uma data bem precisa para a aterrissagem desse veículo. Ele também vê, em observação exata, um semovente vindo do norte, que brilha e é radiante e levanta enorme nuvem de areia do deserto. Imaginemos o Deus Onipotente das religiões: tem esse Deus necessidade de vir correndo desabaladamente de determinada direção? Não pode Ele, sem espalhafato ou alarido, encontrar-se lá onde deseja estar?

Sigamos a narração-testemunho do profeta Ezequiel:

"Além disso vi, ao lado dos quatro seres vivos, rodas no chão. O aspecto das rodas era como o vislumbre de um crisólito, e as quatro rodas eram todas da mesma conformação, e eram trabalhadas de modo tal como se cada roda estivesse no meio da outra. Podiam andar para todas as quatro direções, sem virar-se ao andar. E eu vi que tinham raios e seus raios estavam cheios de olhos em toda a volta das quatro rodas. Quando os seres vivos andavam, também as rodas andavam a seu lado, e, quando os seres vivos se elevavam do chão, também as rodas se levantavam".

A narração é estupendamente boa: Ezequiel acha que uma roda se encontrava no meio da outra. Uma ilusão óptica! De acordo com nossos atuais conhecimentos, ele viu algo parecido com os veículos especiais que os americanos usam nas areias desérticas e regiões pantanosas. Ezequiel observa que as rodas se elevam do chão simultaneamente com as asas. Isso é exatíssimo. Naturalmente, as rodas de um veículo universal, por exemplo, um helicóptero anfíbio, não ficam no chão quando ele se eleva para o ar.

Continuemos com Ezequiel:

"Filho do homem, põe-te em pé, quero falar-te". Essa voz o relator ouviu e, de temor e respeito, enterrou seu rosto no chão. Os vultos estranhos interpelavam nosso Ezequiel como "filho do homem" e queriam falar com ele. Segue o relatório:

"...e ouvi atrás de mim um estrondo possante, quando a glória do Senhor se elevou de seu lugar, o farfalhar de asas dos seres vivos que se tocavam entre si, e o tilintar das rodas ao mesmo tempo, constituiu um estrondo possante".

Além da descrição bastante exata do semovente, Ezequiel nota também o ruído que esse monstro nunca visto produz, quando decola do solo. Designa o barulho feito pelas asas como um farfalhar e o tilintar das rodas como um possante estrondo. Não nos parece isso o depoimento de uma testemunha ocular? Os "deuses" falaram com Ezequiel e instaram para que doravante restaurasse a lei e a ordem na Terra. Receberam-no em seu veículo e confirmaram que ainda não haviam abandonado a Terra. A ocorrência causou forte impressão sobre Ezequiel, pois não se cansa de descrever o estranho veículo. Mais três vezes repete ele a descrição de uma roda "que estava dentro da outra" e das "quatro rodas que podiam ir para todos os lados, sem virar-se no andar". E especialmente impressionado mostrou-se ele com o fato de o corpo inteiro do veículo, as costas, as mãos e as asas, até as rodas, estar cheio de olhos. A finalidade e o alvo da viagem os "deuses" revelam ao cronista mais tarde, quando lhe dizem que ele vive em meio a uma geração rebelde, que tem olhos para ver, e assim mesmo nada vê, e orelhas para ouvir, e assim mesmo nada ouve. Esclarecido Ezequiel sobre seu povo, seguem-se – como em todas as descrições de tais desembarques – conselhos e indicações com respeito à lei e à ordem, assim como sugestões com vistas a uma civilização adequada. Ezequiel levou a missão muito a sério e transmitiu aos outros as indicações dos "deuses".

Novamente estamos diante de questões embaraçosas.

Quem falou com Ezequiel? Que espécie de seres eram?

"Deuses", segundo a concepção tradicional, certamente não eram, pois esses provavelmente não necessitavam de um veículo para ir de um local a outro. A nós, essa espécie de movimentação parece incompatível com a concepção de um Deus Todo-Poderoso.

No Livro dos Livros existe outra invenção técnica que, nessa concatenação de ideias, vale a pena examinar com imparcialidade.

No Livro do Êxodo, capítulo 25:10, Moisés relata as instruções precisas que "Deus" transmitiu para a construção da Arca da Aliança. As diretrizes são fornecidas com a precisão de centímetros, indicam como e onde deveriam ser fixados varais e argolas e que ligas metálicas deveriam ser usadas. As instruções visavam a uma execução exata, assim como "Deus" desejava tê-la. Advertiu Moisés repetidas vezes que não cometesse erros.

"E vê que faças tudo com exatidão completa, segundo o modelo que te foi exibido na montanha..." (Êxodo 25:40)

"Deus" também disse a Moisés que Ele mesmo lhe falaria, do interior daquela sede de misericórdia. Ninguém – assim instruiu Moisés com clareza – deveria chegar perto da Arca da Aliança, e para seu transporte deu instruções precisas sobre a vestimenta a ser usada e o calçado apropriado. A despeito de todos esses cuidados, assim mesmo houve depois um deslize (Segundo Livro de Samuel, capítulo 6). Numa ocasião em que Davi mandou transportar a Arca da Aliança, Oza ia a seu lado. Quando os bois que puxavam o carro se agitaram e fizeram a Arca pender para um lado, Oza susteve-a com as mãos: como que atingido pelo raio, caiu morto no mesmo instante.

Sem dúvida, a Arca da Aliança estava eletricamente carregada. Pois, se hoje a reconstruirmos de acordo com as instruções fornecidas por Moisés, será produzida uma carga elétrica de várias centenas de volts. O condensador será formado pelas placas de ouro, uma carregada positivamente, e a outra, negativamente. Se, além disso, um dos querubins colocados sobre a Arca servisse como magneto, então o alto-falante – talvez até uma espécie de aparelho de comunicação recíproca entre Moisés e a astronave – estaria perfeito. Os detalhes da construção da Arca da Aliança podem ser lidos com todas as minúcias na Bíblia. Sem necessidade de consultar o Livro do Êxodo, lembramo-nos de que a Arca da Aliança frequentemente estava envolta por faíscas saltitantes e que Moisés – cada vez que precisasse de conselho e ajuda – se servia desse "transmissor". Moisés ouvia a voz de seu Senhor, nunca, porém, o avistou. Quando uma vez pediu que se lhe mostrasse, seu "Deus" respondeu: "'Tu não podes enxergar minha face, pois homem algum que me vê permanece em vida'. E o Senhor falou: 'Vê, há lugar a meu lado, pisa na rocha. Quando minha glória passar, colocar-te-ei numa brecha da rocha e estenderei minha mão protetora sobre ti, até que eu tenha passado. E, quando então eu tirar a mão, tu me verás pelas costas, mas meu rosto não poderás fitar!'" (Êxodo 33:20-23).

Há duplicações surpreendentes. Na Epopeia de Gilgamesh, que se origina dos sumérios e é muito mais antiga do que a Bíblia, na quinta prancha se encontra, singularmente, a mesma sentença:

"Nenhum mortal sobe ao monte onde habitam os deuses. Quem olhar para o rosto dos deuses tem de perecer".

Em diversos livros antigos que registram partes da história da humanidade, há narrações muito parecidas. Por que os "deuses" não queriam mostrar-se face a face? Por que não deixavam cair suas máscaras? O que temiam? Ou a descrição do Êxodo é oriunda da Epopeia de Gilgamesh? Também isso é possível; afinal, consta que Moisés foi educado na corte real egípcia. Quiçá tivesse naqueles anos acesso às bibliotecas ou tivesse conhecimento de velhos segredos.

Talvez também tenhamos de duvidar quanto a nossa datação do Antigo Testamento, porque muita coisa fala a favor de que Davi, vivendo muito mais tarde, ainda lutasse contra gigantes de seis dedos na mão e seis dedos no pé (2 Samuel 21:18-22). Também é preciso levar em conta a possibilidade de todas essas antiquíssimas histórias, lendas e descrições haverem sido colecionadas e reunidas num local e, mais tarde, um tanto misturadas ao serem recopiadas, em suas migrações pelos diferentes países.

Os achados de anos recentes no Mar Morto (rolos Qumran) resultam num valioso e surpreendente complemento do Gênesis bíblico. Mais uma vez, uma série de escritos até então desconhecidos fala de carros celestes, de filhos do céu, de rodas e da fumaça que as aparições voadoras espalhavam em seu redor. No Apocalipse de Moisés (capítulo 33), Eva olhou para o céu e lá viu aproximar-se um carro de luz, puxado por quatro águias cintilantes. Nenhum ser humano teria sido capaz de descrever essa maravilha, lê-se em Moisés. Finalmente, o carro se aproximou de Adão e dentre as rodas surgiu fumaça. Essa história, anotada à margem, não nos diz muita coisa nova: de qualquer maneira, porém, já em conexão com Adão e Eva fala-se, pela primeira vez, em carros de luz, rodas e fumaça como aparições maravilhosas.

No pergaminho de Lameque, foi decifrada uma ocorrência fantástica. Como o rolo só se conservou em fragmentos, faltam agora no texto frases e sentenças inteiras. O que restou, entretanto, é suficientemente singular para ser relatado.

Diz a tradição que certo dia Lameque, pai de Noé, voltando para casa, foi surpreendido pela presença de um menino que, por seu aspecto, em absoluto se enquadraria na família. Lameque levantou pesadas acusações contra sua mulher, Bat-Enosh, e afirmou que aquela criança não se originara dele. Ora, Bat-Enosh jurou por tudo o que lhe era sagrado que o sêmen era dele, do pai Lameque – que não era nem de algum soldado, nem de um estranho, nem de um dos "filhos do céu". (Entre parênteses seja anotada a pergunta: afinal, de que espécie de "filhos do céu" falava Bat-Enosh? De qualquer maneira, esse drama familiar ocorreu antes do dilúvio.) Não obstante, Lameque não acreditou nas juras de sua mulher e, desassossegado até o fundo da alma, partiu para pedir conselho a seu pai, Matusalém, a quem relatou o caso familiar que tanto o deprimia. Matusalém ouviu, meditou e, por sua vez, se pôs a caminho, para consultar o sábio Enoque. Aquele assunto de família estava causando tal alvoroço que o velho enfrentou os incômodos de uma longa viagem: era preciso pôr a limpo a origem do garoto. Lá chegando, Matusalém descreveu a Enoque como na família de seu filho Lameque havia aparecido um menino que não tinha o aspecto de um ser humano, mas, ao contrário, o de um filho do céu: os olhos, o cabelo, a pele, o ser todo inteiro não se enquadrava na família.

O sábio Enoque escutou o relato e mandou o velho Matusalém de volta, com a notícia extremamente alarmante de que um grande juízo punitivo sobreviria, atingindo a Terra e a humanidade, e que toda a "carne" seria aniquilada, por ser suja e perversa. O menino estranho, porém, de quem a família suspeitava, teria sido escolhido para ser o progenitor daqueles que sobreviveriam ao grande juízo universal. Por esse motivo, Matusalém deveria ordenar a seu filho Lameque que desse ao menino o nome de Noé. Matusalém viajou de volta, informou seu filho Lameque sobre tudo o que estaria para vir. O que restava a Lameque senão reconhecer o estranho garoto como seu próprio filho e dar-lhe o nome de Noé?

O admirável nessa história de família é a revelação de que os pais de Noé já estivessem informados sobre o dilúvio a ser esperado e que até o avô Matusalém tivesse sido posto a par do futuro cataclismo e preparado para a horrível ocorrência pelo mesmo Enoque, que, pouco depois, segundo o próprio Gênesis, desapareceria para sempre sem haver morrido (Gênesis 5:24).

Não se levanta aqui, a sério, a questão de que a raça humana tenha sido, ou não, deliberadamente miscigenada com (e por) seres estranhos do espaço cósmico? O que, então, poderia emprestar sentido à continuada fecundação da humanidade por gigantes e filhos celestes, com a eliminação subsequente de exemplares malogrados? Visto por essa perspectiva, o dilúvio se transforma em um projeto preconcebido por seres desconhecidos desembarcados, com o fim de destruir a raça humana, exceto algumas nobres exceções. Se, no entanto, o dilúvio, cuja autenticidade é historicamente comprovada, foi planejado e produzido com a mais clara intenção – e isso várias centenas de anos antes que Noé recebesse a missão de construir a Arca –, então não mais pode ser aceito como juízo divino.

A possibilidade da procriação de uma raça humana inteligente hoje não mais constitui tese tão absurda. Assim como a lenda de Tiahuanaco e a inscrição na cumeeira da Porta do Sol relatam que desembarcou de uma nave espacial a mãe primitiva com a finalidade de dar filhos à Terra, também as antigas escrituras sagradas não se cansam de contar que "Deus" criou o homem a sua semelhança. Há textos que afirmam terem sido necessárias, para isso, várias experiências, até que finalmente o homem resultasse assim como "Deus" o queria. Em conjunto com a hipótese da visita de seres inteligentes estranhos do Cosmo à nossa Terra, podemos supor que hoje somos de espécie semelhante àquela dos estranhos seres lendários.

Dentro dessa cadeia de indícios comprovadores, também as oferendas de sacrifícios, que os "deuses" exigiam de nossos antepassados, fornecem enigmas curiosos. De modo algum exigia-se tão somente incenso e sacrifícios animais! Muitas vezes, dos itens solicitados constam moedas, cujas ligas metálicas eram exatamente prescritas. De fato, encontrou-se em Ezion-Geber a maior instalação fundidora do Oriente antigo: um forno regular de fundição, ultramoderno, com um sistema de canais ventiladores, chaminés e aberturas com finalidades específicas. Peritos em mineração de nossos dias ficam estarrecidos ante o fenômeno, até hoje não esclarecido, de como, nessa instalação antiquíssima, podia ser purificado cobre. Era esse, sem dúvida, o caso, pois em poços e galerias nos arredores de Ezion-Geber foram encontrados grandes depósitos de sulfato de cobre. A todos esses achados atribui-se a idade mínima de 5 mil anos.

Se nossos astronautas, algum dia, sobre um planeta, encontrarem seres primitivos, estes, provavelmente, também os tomarão por "filhos do céu" ou "deuses". Possivelmente, nossas inteligências, nesses espaços ignorados e ainda não suspeitados, estarão tão à frente dos indígenas locais quanto estavam aqueles vultos lendários do Cosmo com relação a nossos antepassados. Qual a decepção, porém, se também lá, naquele local de desembarque ainda desconhecido, tivesse havido grande progresso e nossos astronautas não fossem saudados como "deuses", mas ridicularizados como seres vivendo ainda em considerável atraso?

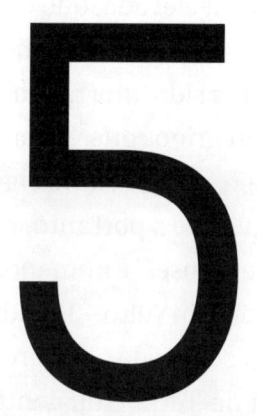

5 Astronaves procedentes do espaço

"Deuses" e humanos gostavam de acasalar-se –
mais uma exposição de novos veículos

Indicações sobre energias de aceleração

O primeiro relatório de jatos observados a bordo
de uma nave espacial

Narrativa de um sobrevivente do dilúvio

O que é "verdade"?

No fim do século passado, verificou-se uma sensacional descoberta na colina de Kuyundjik: gravada em doze placas de argila, encontrou-se uma epopeia heroica de forte poder expressivo; pertenceu à biblioteca do rei assírio Assurbanipal. A lenda está escrita em língua acádica. Mais tarde, foi encontrada outra cópia do conjunto, que retrocede até o rei Hamurábi.

Inequivocamente, está comprovado que a redação primitiva do poema épico de Gilgamesh se deve aos sumérios, a esse povo misterioso cuja origem não conhecemos, mas que nos legou os surpreendentes números de quinze dígitos e uma avançada astronomia. É evidente, também, que o enredo principal da epopeia de Gilgamesh desenrola-se paralelamente ao da narrativa bíblica incluída no Livro do Gênesis.

Na primeira placa das doze encontradas em Kuyundjik, relata-se que o vitorioso herói Gilgamesh construiu um muro em volta de Uruk. Lê-se que o "deus do céu" residia numa casa elevada, que dispunha de silos de cereais e que sobre os muros da cidade havia sentinelas. É possível depreender que Gilgamesh tenha sido uma mistura de "deus" e homem: 2/3 "deus" e 1/3 homem. Peregrinos que vinham a Ur olhavam seu corpo com admiração e receio, porque nunca haviam visto algo parecido em beleza e vigor. Outra vez, portanto, no início do relato, a ideia de um cruzamento entre "deuses" e humanos.

A segunda placa informa como foi criado mais um vulto – Enkidu – pela deusa celestial Aruru. Enkidu é descrito com todas as minúcias: era peludo em todo o corpo, nada sabia da Terra e da gente, vestia peles, comia ervas do campo e bebia do mesmo manancial que os animais. Também brincava nas águas escachoantes com as criaturas que nelas habitam.

Gilgamesh, rei da cidade de Uruk, ao saber desse ser pouco atraente, sugeriu que se lhe desse uma bela mulher, a fim de que se desacostumasse dos animais. O ingênuo Enkidu caiu (se com prazer não se relata) na armadilha do rei e passou seis dias e seis noites com uma beleza semidivina. Essa iniciativa de alcovitice real dá o que pensar: naquele mundo bárbaro, a ideia de um cruzamento entre semideus e semianimal não parecia tão familiar assim.

A terceira placa refere-se a uma nuvem de poeira, vinda de longe, e relata: o céu havia rugido, a Terra tremido, e finalmente o rei do Sol tinha vindo e arrebatado Enkidu, com asas e garras poderosas. Lê-se, com surpresa, que sobre o corpo de Enkidu algo como chumbo tinha pousado e que o peso de seu corpo lhe parecera como o de um rochedo.

Não atribuamos aos narradores antigos menos imaginação do que a que nós hoje podemos desenvolver – e também descontemos os condimentos acrescentados por tradutores e copistas. Mesmo assim, ainda restam estranhezas no relato: de onde deviam e podiam os velhos cronistas saber que o peso do corpo, a determinada aceleração, se torna pesado como chumbo? Nós conhecemos as forças de gravitação e aceleração. Quando um astronauta, no momento da partida, é comprimido em seu assento pela força de vários g^2, o fenômeno foi pré-calculado.

Mas como ocorreu essa ideia ao velho cronista?

A quinta placa relata que Gilgamesh e Enkidu se põem a caminho para juntos visitarem a sede dos "deuses". De longe já podiam ver o brilho da torre onde vivia a deusa Irninis. As setas e os dardos que, como viandantes cautelosos, eles atiraram sobre as sentinelas ricochetearam, inofensivos. E, quando alcançaram os domínios dos "deuses", uma voz estrondosa disse:

"Voltai! Nenhum mortal chega ao monte sagrado onde moram os deuses. Quem olhar a face dos deuses deve ser exterminado".

"Tu não podes ver minha face, pois nenhum ser humano que me vê conserva a vida...", diz "Deus" a Moisés, no Livro do Êxodo.

Na sétima placa, finalmente, está o primeiro relato de testemunha ocular de uma viagem cósmica, comunicado por Enkidu: quatro horas teria ele voado nas garras de bronze de uma águia. E este é o relato textual:

"Ela me falou: 'Olha para baixo sobre a Terra! Que aspecto tem? Olha sobre o mar! Como te parece?'. E a Terra era como uma montanha, e o mar como uma poça d'água. E novamente voou ela mais alto, subindo quatro horas, e me falou: 'Olha para baixo sobre a Terra! Que aspecto tem? Olha sobre o mar! Como te parece?'. E a Terra era como um jardim, e o mar como o córrego de um jardineiro. E mais quatro horas ela voou para o alto e disse: 'Olha para baixo sobre a Terra! Que aspecto tem? Olha sobre o mar! Como te parece?'. E a Terra parecia um mingau de farinha, e o mar era como uma barrica d'água".

Nesse caso particular, algum ser deve ter visto o globo terrestre a grande altura! Acertado demais é o relato para poder ser puro

---

2 O símbolo usual de aceleração de gravidade (N. da E.)

produto da imaginação! Quem poderia relatar que a Terra teria o aspecto de um mingau de farinha e o mar, de uma barrica d'água, se ainda não houvesse a mínima ideia do globo terrestre "visto por cima"? Pois de fato a Terra, vista de altura considerável, parece um quebra-cabeça composto de mingau e de barricas d'água.

Se na mesma placa se relata que uma porta falava com um homem vivo, não hesitamos em identificar esse fenômeno singular como o produzido por um alto-falante. E na oitava placa o mesmo Enkidu, que deve ter visto a Terra de altura considerável, morre de uma doença misteriosa, tão misteriosa que Gilgamesh pergunta se talvez o alento venenoso de um animal celeste não o teria atingido. De onde Gilgamesh levantou essa suspeita de que a respiração tóxica de um animal celeste pudesse induzir uma doença letal e incurável?

A nona placa relata como Gilgamesh chora a morte de seu amigo Enkidu e resolve empreender uma longa viagem até os deuses porque não consegue mais se livrar da ideia de que poderia morrer da mesma doença, como Enkidu. Na descrição consta que Gilgamesh chegou até as duas montanhas que sustentavam o céu e que entre essas montanhas se arqueava a Porta do Sol. Em frente à Porta do Sol encontrou ele gigantes que, após longo diálogo, o deixaram passar porque ele mesmo, afinal, era 2/3 deus. Finalmente, Gilgamesh encontrou o parque dos deuses, atrás do qual se alargava o mar infinito. Duas vezes, os deuses advertiram Gilgamesh em seu caminho:

"Gilgamesh, para onde corres? A vida que procuras, tu não a encontrarás. Quando os deuses criaram os homens, destinaram-lhes a morte; a vida, guardaram para si próprios".

Gilgamesh não lhes deu ouvidos; quaisquer que fossem os perigos, queria ele alcançar Utnapischtim, o pai dos homens. Utnapischtim, porém, vivia além do grande mar; para lá não havia caminho e, fora do deus Sol, nave alguma voava para lá. Sob múltiplos perigos, Gilgamesh atravessou o mar. E, assim, a décima primeira placa pôde narrar seu encontro com Utnapischtim.

Gilgamesh achou o corpo do pai dos homens não mais alto e largo do que o seu e julgou que se pareciam como um pai e o filho. Utnapischtim, então, conta seu passado a Gilgamesh, estranhamente na primeira pessoa do singular.

Para nosso espanto, recebemos de Utnapischtim um relato exato do dilúvio; conta ele que os "deuses" o advertiram da grande maré vindoura e lhe deram ordem para construir um barco, onde ele devia recolher mulheres e crianças, seus parentes e artesãos de qualquer ramo de arte. A descrição da tempestade, das trevas, das águas subindo e do desespero dos homens que ele não podia levar é de uma força narrativa ainda hoje cativante. Também aqui – como no relato de Noé na Bíblia – ouvimos a história do corvo e da pomba, que foram soltos, e como, finalmente, quando as águas baixaram, o barco aportou numa montanha. O paralelismo do relato sobre o dilúvio no poema épico de Gilgamesh e na Bíblia é indubitável, não discutido por nenhum pesquisador. O fascinante desse paralelismo é que estamos a lidar com outros sinais e "deuses" diversos.

Se a narração bíblica do dilúvio é de segunda mão, o uso da primeira pessoa do singular no relato de Utnapischtim é indício de que, na epopeia de Gilgamesh, estava com a palavra um sobrevivente, uma testemunha ocular do cataclismo.

Que no antigo Oriente, há alguns milhares de anos, ocorreu uma catástrofe inundatória é inequivocamente comprovado. Textos cuneiformes da antiga Babilônia indicam, com muita exatidão, onde restos do barco, de fato, deveriam ser encontrados: no lado sul do Ararat foram encontrados três fragmentos de madeira, que talvez indiquem o ponto de chegada da Arca. Quanto ao mais, as probabilidades de achar restos de um navio construído em sua maior parte de madeira, e que há mais de 6 mil anos enfrentou o dilúvio, são extraordinariamente escassas.

A epopeia de Gilgamesh, além de ser um registro de primeira mão, contém não somente os mais antigos relatos; nela também há episódios extraordinários, que não poderiam ter sido inventados por nenhum ser inteligente na época da gravação das placas, nem por tradutores e copistas dos séculos subsequentes. Com efeito, as narrações incluem fatos que devem ter sido conhecidos dos autores do poema épico de Gilgamesh, se os examinarmos à luz dos conhecimentos hodiernos.

Pode uma formulação de novas perguntas afugentar um pouco as trevas? Será possível que a epopeia de Gilgamesh nem mesmo tenha ocorrido no antigo Oriente, mas na região de Tiahuanaco? É possível imaginar que descendentes de Gilgamesh viessem da América do Sul e trouxessem consigo o poema épico? Uma afirmativa nesse campo sempre contribuiria para esclarecer a menção da Porta do Sol, da travessia do mar e, simultaneamente, do repentino aparecimento dos sumérios, pois, como se sabe, todas as criações da Babilônia mais recente neles tiveram sua origem! Sem nenhuma dúvida, a elevada cultura egípcia dos faraós dispunha de bibliotecas em que eram guardados, ensinados, aprendidos e copiados os velhos segredos. Moisés – já o dissemos – cresceu na corte egípcia e, por certo, tinha acesso aos venerandos recintos das bibliotecas. Moisés era um homem receptivo e instruído. Na verdade, consta que ele mesmo escreveu os cinco primeiros livros bíblicos, embora até hoje seja um mistério indecifrado qual a língua em que ele possa tê-los escrito.

Se adotarmos a hipótese de que o poema épico de Gilgamesh chegou ao Egito, vindo dos sumérios, por meio dos assírios e babilônios, e que o jovem Moisés lá o tenha encontrado e adaptado a suas finalidades, então a história suméria do dilúvio é a original, e não a que consta na Bíblia...

Não é lícito formular tais perguntas? A nós parece que o método clássico da pesquisa pré-histórica é por demais bitolado e por isso não pode chegar a conclusões inatacáveis. Está exageradamente amarrado a velhas estruturas mentais e não dá lugar à imaginação e à especulação, que por si sós estimulariam um impulso criador.

Diversas oportunidades de pesquisa no antigo Oriente sem dúvida fracassaram em razão de excessivo rigorismo quanto à intocabilidade e santidade dos livros da Bíblia. Devido a esse tabu, não se ousava externar perguntas e dúvidas. Os supostamente esclarecidos pesquisadores dos séculos XIX e XX têm estado presos nas malhas espirituais de erros milenares – porque a investigação do passado tem de pôr à prova certas partes dos relatos da Bíblia. Mas mesmo um cristão muito devoto deveria compreender que algumas das ocorrências narradas no Antigo Testamento realmente não são compatíveis com o caráter de um Deus bondoso, grande e onipresente. Justamente aquele que deseja conservar intangíveis as teses da fé bíblica deve ou deveria estar interessado em esclarecer quem, afinal, educou os homens na Antiguidade, quem lhes deu as primeiras regras para um convívio social, quem lhes transmitiu leis de higiene e quem destruiu os pervertidos.

Se pensarmos e perguntarmos assim, não estaremos sendo ateus. Temos a firme convicção de que, quando a última pergunta relativa ao nosso passado tiver merecido uma resposta genuína e convincente, ALGO restará no infinito que, por falta de nome melhor, chamamos de DEUS.

Mas a hipótese de um deus inimaginável que, para seus movimentos, precisasse de veículos com rodas e asas, se acasalasse com humanos primitivos e não pudesse deixar cair sua máscara permanece – enquanto não houver provas disso – na categoria da presunção e do abuso. A resposta dos teólogos, que Deus é sábio e que nós não poderíamos suspeitar de que maneira Ele se teria manifestado a seu povo e o subordinado, contorna a questão e por isso é insatisfatória. A maioria das pessoas gostaria de fechar os olhos diante de novas realidades. Mas o desenrolar do futuro vai dia a dia desmanchando um pouco de nosso passado. Dentro de uns doze anos, os primeiros homens descerão em Marte. Se lá se encontrar uma única construção pré-histórica, de há muito abandonada, se lá for achado um único objeto indicador da existência de seres inteligentes anteriores, se houver um único desenho ainda reconhecível sobre rocha, então qualquer desses achados tornará duvidosas nossas religiões e levantará um turbilhão em nosso passado. Uma única descoberta desse gênero deflagrará a maior das revoluções e uma total reformulação da História da Humanidade.

Não seria mais inteligente, em face do inevitável confronto com o futuro, encararmos nosso passado com ideias novas, repletas de imaginação? Muito longe de ser incrédulos, não mais podemos dar-nos ao luxo de ser demasiadamente crédulos. Cada religião possui o esboço de seu deus e instrui a pensar e crer dentro dos limites desse esboço. Entrementes, com a era do espaço, o Dia do Juízo intelectual aproxima-se de nós cada vez mais. As nuvens teológicas vão se desvanecer e rasgar como pedaços de neblina. Com o passo decisivo para o Cosmo, teremos de reconhecer que apenas existe um Deus único, e não 2 milhões de deuses, 20 mil seitas ou dez grandes religiões.

Continuemos, porém, a especular em torno de nossa hipótese sobre o misterioso passado da Humanidade! Até este momento, eis o quadro que obtivemos:

Há tempos remotíssimos, ainda incomensuráveis, uma nave espacial alienígena descobriu nosso planeta. A tripulação da espaçonave viu logo que a Terra possuía todas as condições para a formação de uma vida inteligente. Evidentemente, o "homem" então existente ainda não era *Homo sapiens,* mas qualquer outra coisa... Os astronautas estranhos fertilizaram artificialmente alguns exemplares femininos desses seres, deixaram-nos em sono profundo e tornaram a partir. Milhares de anos mais tarde, os astronautas voltaram e encontraram alguns poucos exemplares do gênero *Homo sapiens.* Repetiram o processo enobrecedor e selecionador algumas vezes, até finalmente formar um ser com grau de inteligência suficiente para lhe serem ensinadas regras sociais. Ainda continuavam bárbaros os homens daquele tempo. Existindo o perigo de que retrocedessem e tornassem a acasalar-se com animais, os astronautas aniquilavam os exemplares malogrados ou levavam-nos, a fim de deixá-los em outros continentes. Surgiram as primeiras comunidades e as primeiras aptidões; paredes de rocha e cavernas foram pintadas, a cerâmica foi inventada e tiveram êxito as primeiras tentativas arquitetônicas.

Esses primeiros homens têm um respeito incomensurável pelos astronautas estrangeiros. Como chegam de qualquer parte e depois desaparecem para qualquer parte, tornam-se "deuses" para eles. Por um motivo inimaginável, os "deuses" estão interessados em transmitir inteligência. Cuidam de suas criações, desejam protegê-las da deterioração e manter o mal distante delas. Querem forçar uma evolução positiva de seus seres sociais. Crianças anormais eram eliminadas, cuidando-se de que o restante dispusesse das condições necessárias a uma sociedade capaz de desenvolver-se.

Admitamos que essa especulação ainda se ressente de muitas lacunas.

"Faltam as provas", dirão. O futuro mostrará quantas dessas lacunas podem ser preenchidas. Este livro apresenta uma hipótese feita de muitas especulações; de modo algum é preciso que, por isso, seja "real". Comparando-a, porém, às teorias de que vivem, incontestavelmente, várias religiões, sob a proteção de seus tabus, desejamos atribuir também a nossa hipótese uma porcentagem mínima de probabilidade.

Talvez faça algum bem dizer algumas palavras sobre a "verdade". O adepto incondicional de uma religião está convicto de que ele possui a "verdade". Isso é válido não só para o cristão, mas também para os membros de outras comunidades religiosas, grandes ou pequenas. Teosofistas, teólogos e filósofos meditaram sobre sua doutrina, sobre seu mestre e seus ensinamentos; estão convencidos de haver encontrado a "verdade". Naturalmente, cada religião tem sua história, as correspondentes promessas de Deus; tem suas alianças com Deus, seus profetas e sábios mestres, que disseram... As provas da "verdade" sempre partem do centro da própria religião. O resultado é uma forma fechada de pensar que fomos induzidos a aceitar desde a infância. Não obstante, muitas gerações viveram e vivem na convicção de estar de posse da "verdade".

Um pouco mais modestos, julgamos que não podemos ter a "verdade". Pode-se, na melhor das hipóteses, acreditar nela. Quem realmente procurar a verdade não pode e não deve procurá-la unicamente sob as premissas e dentro dos limites de sua própria religião. Caso contrário, a insinceridade presidirá ao exame de matéria que exige máxima integridade. Afinal, qual é o objetivo da vida? Crer na "verdade" ou procurá-la?

Podem ser arqueologicamente comprovados, na Mesopotâmia, vários fatos do Antigo Testamento, mas nem por isso esses fatos verificados são provas da "verdade" da respectiva religião. Quando em alguns pontos são escavadas cidades, aldeias, poços ou escritos antiquíssimos, tais achados demonstram que a história daquele povo é genuína. Não se comprova com isso que também o deus do respectivo povo tenha sido o único deus (e não um cosmonauta).

Em todo o mundo, hoje em dia, há escavações provando que tradições correspondem aos fatos. Mas ocorreria a um único cristão a ideia de reconhecer o deus da cultura pré-incaica como o Deus *genuíno,* tendo em vista as escavações realizadas no Peru?

Pensamos, bem singelamente, que tudo seja mito ou a história vivida de um povo, não mais. E isso, a nosso ver, já é muito.

Quem, portanto, procurar realmente a "verdade" não pode rejeitar aspectos novos e audaciosos, embora ainda não comprovados, apenas porque não se enquadram em seu esquema de pensamento (ou fé). Como há 100 anos não se cogitava viagens espaciais, nossos pais e avós não podiam ter qualquer ideia quanto à possibilidade de nossos antepassados terem tido visitas do espaço cósmico. Figuremos, por exemplo, a ideia terrível, mas infelizmente possível, de nossa civilização atual ser completamente aniquilada por uma guerra em que se usassem bombas H. Cinco mil anos mais tarde, os arqueólogos achariam então fragmentos da Estátua da Liberdade, de Nova York. Segundo o atual esquema de pensamento, os arqueólogos do futuro deveriam afirmar: trata-se de uma divindade desconhecida – provavelmente uma divindade do fogo (devido à tocha) ou uma divindade do Sol (devido aos raios em volta da cabeça da estátua). Que pudesse tratar-se de monumento bem simples, isto é, de uma Estátua da Liberdade, é coisa que nem se poderia dizer, caso se ficasse fiel ao atual esquema do pensamento.

Não é mais possível bloquear os caminhos para o passado por meio de sentenças dogmáticas.

Se queremos engajar-nos na busca trabalhosa da verdade, devemos ter a coragem de abandonar os moldes rígidos em que até aqui pensávamos e, como primeiro passo, começar a duvidar de tudo o que aceitávamos como certo e verdadeiro. Podemos ainda nos dar ao luxo de fechar os olhos e fazer ouvidos moucos a pensamentos novos, somente porque não se afigurem ortodoxos ou pareçam absurdos?

A ideia de uma descida na Lua, há 50 anos, era completamente absurda.

6 Imaginação e lendas antigas... Ou antigos fatos?

Tinham todos os cronistas a mesma imaginação maníaca?

E, mais uma vez, "carros celestiais"! – Explosões de bombas H na Antiguidade?

Como se descobrem planetas sem telescópios?

O curioso calendário de Sírio – Nada de novo no norte

Onde ficam os livros antigos? – Recordações de nós no ano 6965

O que restaria de nós, depois de uma destruição total?

Conforme nossas notas e considerações anteriores, havia coisas na Antiguidade que, segundo concepções usuais, não deveriam ter existido. Nosso zelo colecionador, porém, não findou em absoluto com os achados acumulados.

Ora, também na mitologia dos esquimós se afirma que as primeiras tribos haviam sido levadas para o norte por "deuses" de asas de bronze! Os "peles-vermelhas" mais antigos têm notícia de um "pássaro do trovão", que lhes trouxe o fogo e os frutos. Finalmente, a lenda maia "Popol Vuh" nos relata que os "deuses" conheciam todas as coisas: o Universo, os quatro pontos cardeais e até a face redonda da Terra.

Por que falam os esquimós em pássaros metálicos? Por que os índios se referem a um pássaro do trovão? Como e de onde os antepassados dos maias poderiam ter sabido que a Terra é redonda?

Os maias eram inteligentes, possuíam cultura elevadíssima. Legaram-nos não somente um fabuloso calendário, mas deixaram-nos como herança também computações incríveis. Sabiam que o ano de Vênus tem 584 dias e avaliavam a duração do ano terrestre em 365,2420 dias (cálculo exato hoje: 365,2422!). Os maias deixaram-nos cálculos que alcançavam 64 milhões de anos. Inscrições mais recentes ocupam-se de tabelas que provavelmente atinjam 400 milhões de anos. A famosa equação de Vênus poderia, muito plausivelmente, ter sido calculada por um cérebro eletrônico. O difícil aí, evidentemente, é acreditar que foi formulada por um povo semisselvagem. A fórmula de Vênus, desenvolvida pelos maias, parte do seguinte:

O Tzolkin tem 260 dias; o ano terrestre, 365; e o ano de Vênus, 584. Nesses números se oculta uma possibilidade divisória assombrosa: 365 pode ser dividido por 73 cinco vezes; 584, oito vezes. A fórmula incrível apresenta-se assim:

$$
\begin{aligned}
\text{(Lua)} \quad & 20 \times 13 \times 2 \times 73 = 260 \times 2 \times 73 = 37.960 \\
\text{(Sol)} \quad & 8 \times 13 \times 5 \times 73 = 104 \times 5 \times 73 = 37.960 \\
\text{(Vênus)} \quad & 5 \times 13 \times 8 \times 73 = 65 \times 8 \times 73 = 37.960
\end{aligned}
$$

Assim, depois de 37.960 dias, coincidem todos os ciclos. A mitologia afirma que então os "deuses" se reuniriam na Grande Praça do Repouso.

Os povos pré-incaicos, em suas lendas religiosas, dizem que as estrelas são habitadas e que os "deuses" desciam até eles vindo da constelação das Plêiades. Textos em caracteres cuneiformes sumérios, assírios, babilônios e egípcios oferecem a mesma imagem: "deuses" vinham de estrelas e para elas voltavam, andavam em naves de fogo ou barcos no céu, possuíam armas misteriosas e prometiam a alguns poucos homens a imortalidade.

É completamente compreensível que os povos antigos procurassem seus deuses no céu e, também, que largassem as rédeas à imaginação para descrever maravilhosamente a glória dessas aparições incompreensíveis. Aceito tudo isso, mas ainda fica muita coisa por explicar.

Como, por exemplo, o cronista do Mahabharata poderia ter sabido da possibilidade de existir uma arma capaz de punir uma região com doze anos de seca? Bastante poderosa ainda para matar fetos no ventre materno? Esse poema épico da Índia antiga, o Mahabharata, é mais volumoso que a Bíblia e seu núcleo tem a idade de, no mínimo, 5 mil anos, mesmo numa estimativa prudente. Vale realmente a pena ler esse poema épico, tendo presentes no espírito os conhecimentos da época em que vivemos.

Mal podemos admirar-nos ainda quando, no Ramaiana, ficamos sabendo que as *vimanas*, isto é, máquinas voadoras, por meio de mercúrio e forte vento propulsor, teriam navegado a grandes alturas. As vimanas podiam vencer distâncias infinitas, mover-se de baixo para cima, de cima para baixo e de trás para diante. Veículos espaciais com uma dirigibilidade de causar inveja! Nossa citação baseia-se na tradução de N. Dutt (Inglaterra, 1891):

"Por ordem de Rama, o carro maravilhoso subiu com enorme estrondo para uma montanha de nuvens...".

Não queremos passar por cima do fato de que, novamente, um cronista não só alude a um objeto voador, mas também menciona um possante estrondo.

Outro trecho do Mahabharata:

"Bhima voou com sua vimana num raio imenso, que tinha o clarão do sol e cujo ruído era como o trovejar de um temporal" (C. Roy, 1889).

A própria imaginação necessita de pontos de partida. Como o cronista pode dar descrições que, de qualquer maneira, pressupõem uma concepção de foguetes e também o conhecimento de que tal veículo seria capaz de cavalgar sobre um raio e causar um trovão assustador?

No Samsaptakabadha são feitas distinções entre carros que voam e outros que não são capazes de fazê-lo. O primeiro livro do Mahabharata revela a história íntima da solteira Kunti, que não só recebeu a visita do deus Sol, mas em seguida também um filho, que teria sido radiante como o próprio Sol. Como Kunti – já então! – temia a vergonha, deitou a criança numa cestinha, abandonando-a num rio. Adhirata, um homem honesto da casta dos Suta, pescou da água a cestinha com a criança, que passou a criar.

Realmente, uma história pouco digna de ser mencionada aqui, se não tivesse uma semelhança evidente com a história de Moisés!

E sempre de novo surge, persistentemente, a referência à fecundação do ser humano pelos "deuses". À semelhança de Gilgamesh, Arjuna, o herói do Mahabharata, empreende longa viagem para procurar os deuses e deles conseguir armas. E, quando Arjuna, após enfrentar muitos perigos, acha os deuses, encontra até Indra, o senhor dos céus, em pessoa, ao lado de sua esposa, Sachi. Ambos encontram o valente Arjuna, porém não em lugares ou circunstâncias indefiníveis, e sim em um carro de combate celestial, e até o convidam a viajar com eles para o céu.

No Mahabharata há indicações numéricas tão precisas que se fica com a impressão de o autor ter tido preciso conhecimento do que escreveu. Descreve, cheio de horror, uma arma que podia matar todos os guerreiros que usassem metal no corpo: quando os guerreiros eram informados a tempo da presença dessa arma, arrancavam de si todas as peças de metal que levavam, mergulhavam num rio e lavavam cuidadosamente seu corpo e tudo aquilo com que tivessem contato. Não sem motivo, como explica o autor, porque a arma causava o efeito de fazer cair os cabelos e as unhas das mãos e dos pés. Tudo o que era vivo, lamenta ele, tornava-se pálido e fraco.

No Oitavo Livro encontramos de novo Indra em seu radiante carro celestial: dentre todos os homens escolheu ele Yudhisthira, o único que, em seu invólucro mortal, é capaz de entrar no céu. Também aqui não se pode deixar de notar o paralelo com os relatos sobre Enoque e Elias.

No mesmo livro se diz (talvez o primeiro relato sobre o lançamento de uma bomba de hidrogênio) que Gurkha, de bordo de uma possante vimana, arremessou um único projétil sobre a cidade tríplice. O relato usa vocábulos como os temos na memória de relatórios de testemunhas oculares da explosão da primeira bomba de hidrogênio no atol de Bikini; fumaça branca incandescente, dez mil vezes mais clara do que o Sol, ter-se-ia levantado com brilho imenso e reduzido a cidade a cinzas. Quando Gurkha pousou de novo, seu veículo parecia um bloco radiante de antimônio. E, para os filósofos, seja registrado que foi o Mahabharata que disse ser o tempo a semente do Universo...

Também os livros tibetanos Tantjua e Kantjua mencionam máquinas voadoras pré-históricas, que chamam de "pérolas no céu". Ambos os livros acentuam expressamente que esse saber era secreto e não destinado ao público. No Samarangana Sutradhara há capítulos inteiros em que são descritas naves aéreas, de cujas extremidades emanavam, faiscando, fogo e mercúrio.

A palavra "fogo", em escritos antigos, não deve ter necessariamente o sentido de fogo aceso, pois, no total, podemos contar cerca de 40 espécies diferentes de "fogo", que se relacionam, em sua maior parte, a fenômenos esotéricos e magnéticos. Para nós, é difícil acreditar que os povos antigos soubessem que é possível obter energia de metais pesados e como se procede para consegui-lo. Por outro lado, não devemos tornar a história tão simples a ponto de rejeitar os velhos textos em sânscrito como se fossem mitos! A multiplicidade dos pontos aqui citados, extraídos de escritos antigos, faz com que a suspeita quase se torne certeza de que na Antiguidade houve encontros com "deuses" voadores. Com o velho método, infelizmente inveterado: "...isso não existe... isso são erros de tradução... isso são exageros da imaginação dos autores ou copistas", já não podemos avançar. Mediante um novo esquema de pensamento, isto é, aquele desenvolvido pelos conhecimentos técnicos de nossa era, é preciso que abramos clareiras no matagal que esconde nosso passado. Como o fenômeno das naves espaciais nos obscuros tempos pré-históricos é explicável, também fica em aberto, para uma interpretação plausível, o fenômeno das tão frequentemente descritas armas pavorosas, das quais os deuses se utilizaram ao menos uma vez. Textos do Mahabharata obrigam-nos à meditação:

"Era como se tivessem sido soltos os elementos. O Sol girava em círculo. Queimado pela incandescência da arma, o mundo cambaleava de febre. Elefantes, atormentados pelo calor, corriam, loucos, para cá e para lá, procurando proteção contra o terrível ataque. A água fervia, os animais morriam. O inimigo era ceifado, e a fúria do fogo fazia com que as árvores, como nos incêndios de florestas, caíssem em fileiras. Os elefantes rugiam pavorosamente e caíam mortos ao solo, por toda uma vasta área. Os cavalos e os carros de combate se queimavam e tudo parecia como depois de um incêndio. Milhares de carros foram destruídos. Depois, um silêncio profundo desceu sobre o mar. Os ventos começaram a soprar, e a terra clareou. Ofereceu-se à vista quadro horripilante. Os cadáveres dos tombados haviam sido mutilados pelo horroroso calor, não mais parecendo gente. Nunca dantes havíamos visto arma tão pavorosa e nunca dantes havíamos ouvido falar de tal arma" (C. Roy, Drona Parva, 1889).

Aqueles que escaparam – continua o relato – banhavam a si, suas armaduras e suas armas, porque tudo estava coberto pelo sopro mortal dos "deuses". Como se dizia no poema épico de Gilgamesh? "Será que o alento venenoso do animal celestial por acaso te haja atingido?"

Alberto Tulli, ex-diretor da Divisão Egípcia do Museu do Vaticano, encontrou um fragmento da época de Tutmósis III, que viveu cerca de 1.500 anos antes de Cristo. Ali se comunica que os escribas enxergaram, vinda do céu, uma bola de fogo, cujo alento era de mau cheiro; Tutmósis e seus soldados observaram esse espetáculo, até que a bola de fogo, afastando-se em direção ao sul, se perdesse de vista.

Todos os textos citados são originários de milênios antes de nossa era. Os autores viviam em diferentes continentes e em culturas e religiões diversas. Mensageiros ainda não existiam, viagens intercontinentais ainda não constavam da ordem do dia. A despeito disso, chegam notícias de tradições de todos os quatro cantos do Universo e de fontes inumeráveis, contando todas elas mais ou menos a mesma coisa. Havia no cérebro dos autores a mesma imaginação? Foram todos eles perseguidos, quase maniacamente, pelos mesmos fenômenos? É impossível e inimaginável que os cronistas do Mahabharata, da Bíblia, do poema de Gilgamesh, dos escritos dos esquimós, dos índios, dos povos nórdicos, dos tibetanos e muitas e muitas outras fontes relatem, por acaso e sem qualquer fundamento, todos eles, as mesmas histórias de "deuses" voadores, de estranhos veículos celestiais e horríveis catástrofes ligadas a esses fenômenos. Não é possível que todos tenham tido as mesmas ideias, ao redor do mundo, como fruto de pura imaginação. Os relatos quase uniformes só podem ser oriundos de fatos, portanto, de ocorrências pré-históricas. Pouca coisa deve ter-se alterado, mas ainda que o repórter da remota Pré-História tenha inflacionado suas narrativas, mesmo assim, fica, no âmago de todas as reportagens exclusivas – como hoje – o fato real, o acontecimento descrito com precisão. E este não parece que possa ter sido inventado em tantas localidades e diversas épocas.

Construamos um exemplo:

Na selva africana desce, pela primeira vez, um helicóptero. Nenhum indígena jamais tinha visto tal máquina. Com enorme estrondo, aterrissa o helicóptero numa clareira. Pilotos em uniformes de campanha, com capacetes e metralhadoras, saltam dele. O selvagem de tanga estaca, tonto e abobado, ante essa coisa que desceu do céu e ante os "deuses" seus desconhecidos. Depois de algum tempo, o helicóptero eleva-se de novo e desaparece na atmosfera.

Sozinho de novo, o selvagem tem de conformar-se com esse aparecimento. A outros que não estiveram presentes, ele há de contar o que viu: um pássaro, um veículo celestial, que fazia barulho e exalava mau cheiro, seres que tinham a pele branca, portando armas que cuspiam fogo... A visita maravilhosa é fixada para todos os tempos e legada à posteridade. Quando o pai conta a seu filho, o pássaro celestial, evidentemente, não se tornará menor, e os seres que saíam de suas entranhas cada vez se tornam mais estranhos, grandiosos e possantes. Isso e muito mais ainda será poeticamente acrescentado. Condição básica, porém, para a história maravilhosa foi a descida efetiva do helicóptero: o helicóptero desceu na clareira do matagal e os pilotos saíram dele. Dali por diante, o acontecimento continua existindo na mitologia da tribo.

Certas coisas não são passíveis de ser inventadas. Também nós não vasculharíamos nossa Pré-História para descobrir astronautas e aviões celestes se tão somente dois ou três livros antigos referissem tais fenômenos. Uma vez, porém, que de fato quase todos os textos dos povos primitivos em toda a volta do globo terrestre contam a mesma coisa, então é preciso que tentemos explicar as verdades objetivas ali ocultas.

"Filho do homem, habitas em meio a uma geração rebelde, que possui olhos para ver e assim mesmo nada vê, e tem ouvidos para ouvir e assim mesmo nada ouve"... (Ezequiel 12:2)

Sabemos que todos os deuses sumérios correspondiam a determinados astros. Marduk = Marte, o deus supremo, consta ter tido uma estátua de ouro puro, de 800 talentos de peso; isso corresponderia, para quem acredita em Heródoto, a uma imagem de 24 mil quilos de ouro puro. Ninurta = Sírio era o juiz do Universo e pronunciava sentenças sobre os homens mortais. Há placas com inscrições cuneiformes dirigidas a Marte, a Sírio e às Plêiades. Em hinos e orações dos sumérios sempre se mencionam, a cada passo, armas divinas que, em estilo e efeito, deveriam ter sido completamente absurdas para a época. Um canto de louvor a Marte narra que ele fazia chover fogo e aniquilava seus inimigos com um relâmpago reluzente. De Inana se conta como se levanta no céu, irradiando um terrível clarão que cega e destrói as casas do inimigo. Foram encontrados desenhos e até a maquete de uma residência, que não era dessemelhante a um abrigo antiatômico pré-fabricado; redondo, tosco e com uma única abertura estranhamente emoldurada. Da mesma época, cerca de 3 mil anos antes de Cristo, os arqueólogos encontraram uma parelha com carro e cocheiro; além disso, dois esportistas lutadores, tudo num acabamento impecável e limpo. Os sumérios, isso é comprovado, eram mestres de um artesanato perfeito. Por que modelaram um tosco "abrigo antiaéreo", uma vez que outras escavações na Babilônia ou em Ur trouxeram à luz do dia obras muito mais finas? Ainda não faz muito tempo que na cidade de Nipur – 150 quilômetros ao sul de Bagdá – foi encontrada uma biblioteca suméria inteira, com cerca de 60 mil placas com inscrições. Uma delas contém seis colunas gravadas, que constituem a mais antiga descrição do dilúvio. Cinco cidades pré-diluvianas são nomeadas no texto: Eridu, Badtibira, Larak, Sitpar e Shuruppak. Duas dessas cidades até agora ainda não foram encontradas. Nessa mais antiga das placas até hoje decifradas, o Noé dos sumérios chama-se Ziusudra; deve ter morado em Shuruppak e lá também deve ter construído sua arca. Dispomos, pois, agora, de uma narração do dilúvio ainda mais antiga do que aquela que possuímos até aqui, no poema épico de Gilgamesh. Ninguém sabe se novos achados não trarão descrições ainda mais remotas.

Os homens das culturas antigas parecem ter sido como que magicamente dominados pela ideia da imortalidade ou da reencarnação.

Servos e escravos, obviamente pela própria e espontânea vontade, encerravam-se no túmulo com seu senhor. No jazigo funerário de Shubat havia nada menos que setenta esqueletos, lado a lado, em ordem perfeita. Sem o menor sinal de violência, sentados ou deitados, em suas vestes ricamente coloridas, esperavam a morte, que – talvez ocasionada por veneno – devia ter sobrevindo rapidamente e sem dor. Inabalavelmente convictos, devem eles ter esperado uma vida nova com seu senhor, no além. Quem teria posto na cabeça desses povos pagãos a ideia de renascimento para uma vida nova?

Não menos confusos nos deixa o mundo dos deuses dos egípcios. Também os textos arcaicos dos povos do Nilo têm conhecimento de seres poderosos que em barcos passam pelo firmamento. Um texto cuneiforme dirigido ao deus Sol, Rá, reza:

"Tu te misturas às estrelas e à luz, tu arrastas o navio de Áton no céu e na Terra, como as estrelas incansavelmente circulantes, e as estrelas que no Polo Norte não entram no ocaso".

Aqui uma inscrição numa pirâmide:

"Tu és aquele que está à proa do navio do Sol desde milhões de anos".

Se bem que os antigos matemáticos egípcios fossem muito avançados, de qualquer maneira ainda se nos afigura estranho que, em conexão com as estrelas e uma nave celestial, tenham falado em milhões de anos. O que diz o Mahabharata? "O tempo é a semente do Universo."

Em Mênfis, o primitivo deus Ptah entregou ao rei dois modelos para a comemoração de aniversários de seu reinado, com a exigência de os festejar seis vezes cem mil anos. Será preciso mencionar ainda que o deus Ptah, na ocasião de dar os modelos ao rei, tenha aparecido em resplandecente carro celestial, para depois nele desaparecer novamente no horizonte? Em Edfu encontram-se ainda hoje, sobre portas e templos, representações do Sol alado ou de um falcão em voo, que ostentam os símbolos da eternidade e da vida eterna. Em nenhum local da Terra, conhecido até hoje, conservaram-se tantas representações de símbolos de deuses com asas como no Egito.

Todo turista conhece a Ilha Elefantina, com o famoso Nilômetro, em Assuã. Já nos escritos mais antigos a ilha se chama Elefantina, porque tinha o aspecto de um elefante. Isto é certo: a ilha parece um elefante. Mas como sabiam disso os antigos egípcios, uma vez que essa forma só pode ser reconhecida de bordo de um avião voando a grandes alturas? Pois ali não há colina alguma que ofereça a possibilidade de abranger com um só olhar a ilha inteira!

Uma inscrição, também descoberta não há muito tempo, num edifício em Edfu anuncia que essa construção era de origem supraterrena: a planta teria sido desenhada pelo ser endeusado Imhotep. Esse Imhotep é uma personalidade muito misteriosa e inteligente – o Einstein de seu tempo. Era sacerdote, escritor, médico, arquiteto e sábio em uma só pessoa. Naquela recuada época, isto é, ao tempo de Imhotep, os arqueólogos admitem que os homens, para lavrar a pedra, possuíam como ferramentas apenas cunhas de madeira e cobre. Nem uma nem outra coisa é apropriada para serrar blocos de granito. O inteligente Imhotep, porém, constrói para seu rei Zoser a pirâmide em degraus de Sakkara! Essa obra arquitetônica, de 60 metros de altura, é de uma perfeição tal que, mais tarde, só imperfeitamente pôde ser imitada. A essa obra arquitetônica, cercada por um muro de 10 metros de altura e 1.600 metros de comprimento, Imhotep deu o nome de "Casa da Eternidade"; mandou que ele mesmo nela fosse sepultado, a fim de que os deuses, por ocasião de seu regresso, pudessem acordá-lo.

Sabemos que todas as pirâmides são orientadas segundo a posição de determinadas estrelas. Não é um tanto embaraçoso verificar esse fato quando pouco sabemos a respeito da existência de uma astronomia avançada no antigo Egito? Sírio foi uma das estrelas com que mais se preocupava. Mas esse interesse justamente por Sírio nos parece peculiar, pois, vista desde Mênfis, essa estrela só pode ser observada no início da enchente do Nilo, um pouquinho acima do horizonte, no lusco-fusco da madrugada. Para encher a medida da confusão, encontrou-se no Egito um calendário exato – 4.221 anos antes de nossa era! Esse calendário orientava-se pelo nascer de Sírio (dia 1.º de Tout = 19 de julho) e dava ciclos anuais de mais de 32 mil anos.

Admitamos que os velhos astrônomos tinham tempo de sobra para observar o Sol, a Lua e as constelações durante anos e anos, até descobrir que, após cerca de 365 dias, todas as estrelas ocupam de novo o mesmo lugar. Mas não é, então, completamente destituído de sentido deduzir o primeiro calendário justamente de Sírio, uma vez que isso teria sido muito mais fácil com o Sol e a Lua e também levaria a resultados exatos? Provavelmente, o calendário de Sírio era uma estrutura fictícia, um cálculo de probabilidades, sem a possibilidade de predizer exatamente o aparecimento da estrela: se a enchente do Nilo coincidia com o surgir de Sírio no horizonte, tratava-se de mero acaso. Nem todo ano havia uma enchente no Nilo; nem toda enchente do rio tinha início no mesmo dia do ano. Por que, pois, um calendário de Sírio? Haverá também aqui uma velha tradição? Haveria um texto ou uma promessa, cuidadosamente guardada pelos sacerdotes?

É provavelmente do rei Udimus o túmulo em que foram encontrados um colar de ouro e o esqueleto de um animal completamente desconhecido. De onde se origina o animal? Como se pode explicar que os egípcios, já no início da primeira dinastia, possuíam um sistema decimal? Como se formou em tempo tão remoto uma civilização tão bem evoluída? De onde provêm, já no início da cultura egípcia, objetos de bronze e cobre? Quem lhes deu conhecimentos incríveis de matemática e de uma escrita plenamente desenvolvida?

Antes de nos preocuparmos com algumas construções monumentais, que suscitam inúmeros problemas, lancemos mais uma vez um rápido olhar sobre escritos antigos:

De onde tomaram os narradores dos contos de fadas das *Mil e uma noites* sua surpreendente riqueza de inspirações? Como se chegou à descrição de uma lâmpada, de dentro da qual falava um feiticeiro quando seu dono o desejava?

Qual a imaginação audaciosa que inventou o "Abre-te, Sésamo!"? E onde se escondia Ali Babá com seus ladrões?

Hoje, evidentemente, tais ideias não nos surpreendem mais, desde que o televisor, mediante a pressão de um botão, nos fornece quadros falantes. E, desde que, em grandes edifícios modernos, as portas se abrem ao comando de fotocélulas, também o "Abre-te, Sésamo!" não envolve mais grandes segredos. O poder de imaginação dos antigos narradores, aliás, deve ter sido tão inconcebível que nossos atuais autores de ficção científica, em confronto com eles, produzem trabalhos bem desajeitados. A não ser que os velhos narradores tivessem tido, para ignição inicial de sua fantasia, coisas maravilhosas já em parte conhecidas, vistas, vividas!

No lendário mundo das culturas que por enquanto não nos oferecem qualquer ponto fixo de referência, pisamos solo ainda menos firme, e tudo se torna ainda mais confuso.

As tradições islandesas e as da Noruega antiga naturalmente mencionam "deuses" que se locomovem no céu. A deusa Frigg tem uma serva de nome Gna. Num cavalo, que se eleva no ar, acima da Terra e das águas, a deusa manda sua serva para diversos mundos. O cavalo chamava-se "Arremessador de Cascos", e uma vez, diz a lenda, Gna encontrou bem no alto dos ares alguns seres ("Wanem") estranhos. Na Canção de Alwis, são dados nomes variados à Terra, ao Sol, à Lua e ao Universo, e isso de tal sorte que o nome difere conforme o ponto de vista do homem, dos "deuses", dos gigantes e dos anões. Como, ó céus, pôde-se chegar, na mais obscura das pré-histórias, a conceitos diversos de uma e mesma coisa, uma vez que o horizonte era muito restrito?

Se bem que o sábio Sturluson não tenha podido recuar os Vedas, as lendas e os cantos nórdicos para além do ano 1200 depois de

Cristo, eles têm de fato alguns milhares de anos de idade. Muitas vezes, nesses escritos, o símbolo do mundo é descrito como disco ou globo – bastante singular – e Thor, o deus supremo dos deuses, sempre aparece com um martelo, o destruidor. O prof. Kühn defende a opinião de que a palavra "martelo" (*hammer*) significa "pedra", originando-se da Idade da Pedra: só mais tarde foi aplicada ao instrumento de bronze ou de ferro. Assim, Thor e seu símbolo do martelo devem ser muito antigos e provavelmente remontar até a Idade da Pedra. Aliás, "Thor", nos Vedas indianos (sânscrito), chama-se "Tanayitnu". Poder-se-ia traduzi-la, conforme seu sentido, por exemplo, por "o trovejante". O nórdico Thor, deus dos deuses, é o senhor dos "Wanem" germânicos, que tornam inseguro o espaço sideral.

Numa discussão sobre os aspectos completamente inéditos que estamos introduzindo na pesquisa do passado, pode surgir a objeção de que não seria possível reunir toda e qualquer coisa que na tradição indicasse fenômenos celestes, numa sequência de provas a favor de uma astronáutica pré-histórica! Nem é isso que estamos fazendo. Estamos apenas indicando passagens em remotíssimos escritos que, nos moldes do pensamento em vigor até o presente, não encontram lugar. Refletimos com nossas perguntas naqueles pontos, evidentemente desagradáveis, em que nem escribas, nem tradutores, nem copistas poderiam ter tido qualquer ideia das ciências e dos produtos que delas resultam. Estaríamos prontos, imediatamente, a tomar as traduções como falsas e as cópias como pouco exatas – se, ao mesmo tempo, essa herança falsa e imaginosamente enfeitada não fosse plenamente acolhida assim que se encaixasse no arcabouço de qualquer religião. É indigno de um pesquisador negar o que perturba sua forma de pensar e aceitar tudo quanto apoia suas próprias teses. Com que forma e vigor se apresentaria minha hipótese se aparecessem novas traduções feitas com "olhos espaciais"!

Como para nos auxiliar na paciente consolidação de nossas teses, foram encontrados recentemente, junto ao Mar Morto, vários rolos de escritos contendo fragmentos de textos apocalípticos e litúrgicos. Outra vez, nos apócrifos de Abraão e também de Moisés, fala-se em um carro celeste com rodas cuspindo fogo, ao passo que indicações semelhantes faltam nas versões etíope e eslava do Livro de Enoque.

"Atrás dos seres vi um carro que tinha rodas de fogo, e cada roda estava cheia de olhos em toda a volta, e em cima das rodas havia um trono, e este estava coberto por fogo, que fluía em sua volta." (Apócrifos de Abraão 18:11-12)

Conforme a interpretação do prof. Scholem, o simbolismo do trono e do carro da mística judaica correspondia aproximadamente ao dos místicos helenistas e primeiros cristãos, quando falam em *pleroma* (= plenitude de luz). É uma interpretação respeitável, mas pode ela ser aceita como cientificamente comprovada? Pedimos licença para apenas perguntar: como seria o caso se realmente algumas pessoas tivessem visto os carros de fogo, sempre repetidamente descritos?

Nos textos Qumran frequentemente foi usado um código; entre os documentos da quarta caverna até se alternavam diversas modalidades de escrita num só trabalho astrológico. Uma observação astronômica tem o título: "Palavras daquele que é sensato, dirigidas a todos os filhos da aurora".

Mas qual é a objeção esmagadora e convincente que se pode levantar contra a ideia de que nos textos antigos tenham sido descritos carros de fogo verdadeiros? Não será a afirmação, tão barata quanto vaga, de que na Antiguidade não podiam ter existido carros de fogo? Tal resposta seria indigna daqueles a quem, mediante nossas perguntas, desejamos obrigar a novas alternativas. Afinal, ainda não faz muito tempo que, por parte de entendidos na matéria, se afirmou que pedras (= meteoros) não poderiam cair do céu, porque no céu não havia pedras... Ainda no século XIX houve matemáticos que chegaram a calcular – a seu tempo convincentemente – que um trem de ferro nunca poderia viajar a uma velocidade maior do que 34 quilômetros por hora, porque, do contrário, a pressão lhe retiraria o ar e com isso os passageiros morreriam asfixiados... Há menos de 100 anos foi "provado" que um objeto mais pesado que o ar nunca poderia voar...

Em crítica publicada por um jornal de renome, o livro de Walter-Sullivan *Sinais do Espaço* é classificado como pertencente à literatura de ficção científica, afirmando o articulista que, mesmo no mais distante futuro, continuará sendo impossível alcançar, por exemplo, Epsilon Erídani ou Tau Ceti, como também conseguir deslocação no tempo ou a superação da barreira de distâncias inimagináveis, nem mesmo com a hibernação por congelamento profundo dos astronautas.

Foi bom que, no passado, sempre houvesse fantasistas suficientemente audaciosos e surdos a críticas semelhantes, que então lhes faziam! Sem eles, hoje não existiriam redes ferroviárias de longo alcance, cujos trens se locomovem a mais de 200 km por hora (anote: acima de 34 km de velocidade horária, os viajantes morrem!)... Não fossem eles, não haveria hoje aviões a jato, porque estes, de qualquer maneira, despencariam do alto (anote: coisas mais pesadas do que o ar não podem voar!)... E, finalmente, não haveria foguetes lunares (anote: porque o homem não pode abandonar seu planeta!). Oh, uma imensidade de coisas não existiria sem aqueles corajosos visionários...

Certo número de sábios gostaria de se ater às assim chamadas "realidades". Mas esquecem, com demasiada facilidade, que aquilo que hoje é realidade ontem era apenas o sonho utópico de um fantasista. Boa parte dos inventos incluídos na realidade atual se deve a acasos fortuitos, e não a uma sequência de pesquisas sistemáticas. E alguns constam do "diário" de "fantasistas sérios" que, com suas especulações audaciosas, venceram preconceitos inibidores. Heinrich Schliemann considerou os livros de Homero acima do nível de meros contos de fadas, ou fábulas, e o resultado dessa simples, mas feliz, ideia foi a descoberta de Troia.

Ainda sabemos muito pouco sobre nosso passado, portanto são prematuros quaisquer julgamentos definitivos! Novos achados podem decifrar antigos enigmas, a leitura de relatos arcaicos pode virar de pernas para o ar mundos inteiros de "realidades". E sabemos que, infelizmente, muito mais livros antigos foram destruídos do que conservados. Na América do Sul consta haver existido um grande livro que continha toda a ciência da Antiguidade; dizem haver sido destruído pelo 63.º soberano dos incas, Pachacuti IV. Na Biblioteca de Alexandria, 500 mil volumes pertencentes ao sábio Ptolomeu Sóter encerravam todas as tradições da humanidade; essa biblioteca foi destruída, em parte, pelos romanos, e o restante, o califa Omar mandou incinerar, séculos mais tarde. É terrível saber que esses manuscritos preciosos, insubstituíveis, tenham servido de combustível para aquecer água nos banhos públicos de Alexandria!

Que fim levou a biblioteca do templo em Jerusalém? Que foi feito da biblioteca de Pérgamo, que deve ter reunido 200 mil obras? Quantos tesouros e segredos foram perdidos em consequência da destruição em massa dos livros históricos, astronômicos e filosóficos, ordenada pelo imperador chinês Chi-Huang, no ano 214 antes de nossa era, por motivos políticos? Quantos textos o convertido Paulo mandou destruir em Éfeso? E nem se pode pensar na imensa riqueza, em escritos sobre todos os campos da ciência, que se perdeu por causa do fanatismo religioso! Quantos milhares de escritos irrecuperáveis monges e missionários, em seu sagrado zelo cego, mandaram queimar nas Américas do Sul e Central?

Tal sanha destruidora data de centenas ou milhares de anos. Aprendeu a humanidade algo com isso? Há poucos decênios, Hitler mandou incinerar livros em praças públicas, e até no ano 1966 o mesmo ocorreu na China durante a infantil revolução de Mao. Graças a Deus, hoje em dia, os livros não existem, como nos tempos de antanho, em um só exemplar.

Os textos e fragmentos ainda existentes transmitem-nos alguns conhecimentos da obscura Pré-História. Em todas as épocas, os sábios de cada povo previam que cada período futuro traria guerras e revoluções, sangue e fogo. Quem sabe se esses sábios, diante de tal previsão, terão ocultado em lugar seguro, nos colossais monumentos arquitetônicos de sua época, segredos e tradições que desejavam proteger da ralé ou preservar de uma possível destruição? "Esconderam" eles comunicados ou informes em pirâmides, templos e estátuas? Ou deixaram-nos codificados, a fim de que se conservassem incólumes, através das tempestades dos tempos? É uma ideia que deverá ser bem examinada, pois contemporâneos de ampla visão, de nossos dias, assim procederam, com vistas ao futuro longínquo.

No ano 1965, os americanos enterraram no subsolo de Nova York duas "cápsulas de tempo", construídas de forma a poderem suportar, até o ano 6965, tudo o que – mesmo com imaginação audaciosa – esta Terra possa oferecer em contratempos e reveses. Essas cápsulas de tempo contêm notícias que desejamos transmitir à posteridade, a fim de que, algum dia, aqueles que se esforçarem por esclarecer as trevas do passado de seus ancestrais possam facilmente saber como estamos vivendo hoje. As cápsulas são feitas de um metal que é mais duro do que o aço; podem até suportar, sem dano, uma explosão atômica. Além de "notícias do dia", colocaram-se nas cápsulas também fotografias de cidades, navios, automóveis, aviões e foguetes. Conservam elas em seu interior amostras de metais e materiais plásticos, de fibras e tecidos; legam à posteridade objetos de uso diário, tais como moedas, ferramentas e artigos de toalete; livros sobre Matemática, Medicina, Física, Biologia e Astronáutica encontram-se gravados em microfilmes. A fim de completar essa contribuição para um desconhecido futuro remoto, encontra-se nas cápsulas uma "chave", isto é, um livro que é uma espécie de código mestre, por meio do qual as coisas escritas e desenhadas nas demais obras poderão ser compreendidas e interpretadas nos idiomas futuros.

Um grupo de engenheiros da Westinghouse Electric teve a ideia de ofertar à posteridade essas cápsulas de tempo. John Harrington inventou o engenhoso sistema decifrador para gerações ainda desconhecidas. Pobres desvairados? Visionários? A nós, a concretização dessa ideia parece auspiciosa e tranquilizante: pois existem, hoje, homens que pensam 5 mil anos para a frente! Os arqueólogos de um futuro remoto não terão menos dificuldades do que nós: depois de uma conflagração atômica, deixarão de existir todas as bibliotecas do mundo; todas as conquistas, que tanto nos orgulham, já não valerão um centavo, porque desaparecerão, porque estarão destruídas, porque estarão atomizadas. Nem será preciso, para justificar o feito e a imaginação dos homens de Nova York, que algum conflito atômico arrase a Terra: o eventual deslocamento do eixo terrestre por poucos graus acarretaria inundações de uma proporção inédita e incontida que, de qualquer maneira, engoliriam toda a palavra escrita. Quem é suficientemente arrogante para afirmar que uma ideia como a que tiveram os homens de Nova York, com sua ampla visão, não possa ter ocorrido também aos sábios antigos?

Indubitavelmente, os estrategistas de uma guerra de bombas A e H não dirigirão seus mísseis sobre cafres, zulus e inocentes esquimós, mas contra os principais centros civilizados. Portanto, sobrevirá o caos radioativo sobre os povos progressistas, os mais evoluídos. Restarão povos subdesenvolvidos, selvagens, primitivos – a grandes distâncias dos centros da civilização. Eles, por não haverem dela participado, não poderão transmitir nossa cultura nem ao menos informar alguma coisa sobre ela. Mesmo inteligentes ou sonhadores, que se esforçassem por salvar uma biblioteca subterrânea, com isso nada poderiam fazer pelo futuro. As bibliotecas "normais" de qualquer maneira estarão destruídas, e os atrasados que sobreviverem nada saberão das ocultas bibliotecas secretas. Partes inteiras do globo terrestre vão se transformar em desertos incandescentes, pois a radioatividade, durante centenas de anos, nelas não permitirá a vida de nenhum vegetal. Os sobreviventes provavelmente sofrerão mutações, e das cidades aniquiladas nada mais terá sobrado daqui a 2 mil anos. A natureza, com sua força indomável, devorará as ruínas: ferro e aço se oxidarão e se reduzirão a pó.

E tudo começaria de novo! O homem poderia tentar sua aventura pela segunda e terceira vez. Possivelmente, de novo chegaria ele tarde demais para descobrir o segredo de velhas escrituras e tradições. Passados 5 mil anos após a catástrofe, os arqueólogos afirmariam que o homem do século XX ainda não conhecia o ferro, porque, logicamente, mesmo escavando com a maior das diligências, não poderiam achar nenhum. Ao longo da fronteira russa seriam encontrados muitos quilômetros de barreiras blindadas de concreto, e seria declarado que esses achados indicariam indubitavelmente linhas astronômicas. Se fossem encontrados estojos com fitas sonoras magnéticas, nada se saberia fazer com elas, pois não se poderia distinguir entre fitas gravadas e não gravadas. E talvez essas fitas contivessem a solução para muitos e muitos enigmas! Textos que falassem em cidades enormes, onde teria havido casas de vários metros de altura, declarar-se-iam como indignos de crédito, porque tais cidades não poderiam ter existido. As galerias do metrô de Londres seriam consideradas uma curiosidade geométrica, ou, então, um sistema de canalização, evidentemente muito bem pensado. E depois surgiriam, possivelmente, cada vez de novo, relatos em que se descreveriam como homens voavam com grandes pássaros, de continente a continente, e também de singulares navios cuspindo fogo, que desapareciam no céu. E isso, então, de novo seria relegado à mitologia, porque não poderia ter havido pássaros tão grandes, nem monstros celestes cuspindo fogo.

Será bastante difícil a tarefa dos tradutores no ano 7000. O que decifrarem nesse tempo, sobre uma guerra mundial no século XX, parecerá inteiramente inacreditável. Se, porém, lhes caírem nas mãos discursos de Marx ou Lenine, então, sim – que sorte! –, será possível, finalmente, transformar dois sumos sacerdotes desse período incompreensível em núcleos de uma religião.

Muita coisa será passível de ser interpretada, caso sobrem suficientes pistas. Mas é muito longo um período de 5 mil anos. É por simples capricho que a natureza admite a sobrevivência de blocos trabalhados de pedra por mais de 5 mil anos. Com os mais grossos trilhos das ferrovias, ela não é tão cuidadosa.

No átrio de um templo em Délhi encontra-se, como já foi referido, um pilar construído de peças soldadas de ferro, que há mais de 4 mil anos está exposto às intempéries, sem que mostre o menor vestígio de ferrugem, pois está livre de enxofre e fósforo. Temos aí uma liga de ferro desconhecida, proveniente da Antiguidade. Quem sabe se aquele pilar foi erigido por um grupo de engenheiros de ampla visão, que não possuíam recursos para uma construção colossal, mas que, assim mesmo, desejavam legar à posteridade um monumento de sua cultura, visível e à prova dos tempos?

É uma história embaraçante: em elevadíssimas culturas do passado encontramos construções que hoje, com os mais modernos recursos técnicos, não somos capazes de imitar. Esses colossos de pedra estão aí, não se pode negar sua existência por meio da discussão. Como o que não deveria existir não pode existir, procuram-se febrilmente explicações "racionais". Deixemos de lado os antolhos e participemos da busca...

7 Maravilhas da Antiguidade ou "espaço-portos" pré-históricos?

Um tablado de dança para gigantes

De que viviam os egípcios antigos? – Era Quéops um impostor?

Por que as pirâmides estão lá onde estão?

Cadáveres vivos por congelamento profundo? – Modistas pré-históricos

É o método C-14 de segurança absoluta?

Ao norte de Damasco está situado o terraço de Baalbek, uma plataforma construída com blocos de pedra, alguns dos quais com 20 metros de comprimento lateral e quase 2 mil toneladas. Até agora, a Arqueologia não pôde explicar de maneira convincente por que, como e por quem foi construído o terraço de Baalbek. O professor russo Agrest, aliás, supõe possível que essas ruínas sejam remanescentes de uma enorme planície de aterrissagem.

Se aceitarmos docilmente o que nos ensinam os egiptólogos, o Egito antigo surge, repentinamente e sem qualquer transição, a nossos olhos, já situado em nível superior de civilização. Grandes cidades e templos gigantescos, estátuas supradimensionais de grande poder de expressão, grandiosas alamedas marginadas por figuras pomposas, instalações de canalização perfeita, túmulos luxuosos esculpidos em rochedos, pirâmides de tamanho imenso... essas e muitas outras coisas maravilhosas brotaram, de repente, do chão. Verdadeiros milagres num país que, sem pré-história reconhecível, de repente é capaz de tais feitos!

Somente no Delta do Nilo e sobre faixas estreitas, à esquerda e à direita do rio, havia terra agrícola fértil. Acontece que os peritos estimam o número de habitantes, à época da construção das grandes pirâmides, em 50 milhões de pessoas! (Número esse, aliás, que se encontra em contradição evidente com aqueles 20 milhões de cabeças que se admite corresponderem à população mundial inteira no ano 3000 antes de Cristo!)

Em tais estimativas fantásticas, alguns milhões de homens a mais ou a menos não têm importância: o certo é que todos eles tinham de ser sustentados. Pois não só havia verdadeira multidão de trabalhadores de obras, de escultores de pedra, engenheiros e marinheiros, mas também incalculável número de escravos. Havia ainda um exército poderoso, toda uma casta de sacerdotes com elevado padrão de vida, levas de mercadores, camponeses e funcionários, e – principalmente – os incontáveis cortesãos, que viviam na maior opulência. Puderam todos, todos eles, viver dos parcos rendimentos da agricultura no Delta do Nilo?

Dizem-nos que os blocos de pedra para a construção das pirâmides eram movidos sobre cilindros deslizadores. Provavelmente, pois, sobre cilindros de madeira! Mas as poucas árvores, em sua grande maioria palmeiras, que então (como hoje) cresciam no Egito dificilmente poderiam ter sido abatidas para fazer rolos deslizadores de seus troncos, pois as tâmaras das palmeiras eram urgentemente necessárias como substância alimentícia, e os caules e as copas das tamareiras eram os únicos doadores de sombra sobre o solo resseca-do. Rolos de madeira, porém, devem ter sido, porque, do contrário, a construção das pirâmides também não contaria sequer com essa esfarrapada explicação técnica. Será que importaram madeira? Para a importação de madeira de países estrangeiros, deveria ter havido uma frota considerável de navios e, desembarcada a madeira, teria sido preciso transportá-la Nilo acima até o Cairo. Como os egípcios, na época da grande construção das pirâmides, ainda não dispunham de cavalos e carros, não havia outra possibilidade. Somente na Dé-cima Sétima Dinastia, cerca de 1600 a.C., é que apareceram os primeiros cavalos e carros. Um reino por uma explicação convincente para o transporte dos blocos de pedra! Rolos de madeira, sim, dizem que haviam sido necessários...

Quanto à técnica dos construtores das pirâmides, há muitos enigmas e nenhuma solução genuína.

Como esculpiam os túmulos nas rochas? Quais os recursos de que dispunham para instalar um labirinto de corredores e recintos? As paredes são lisas e em geral adornadas com gravuras em relevo. Os acessos às áreas internas decorrem diagonalmente para dentro do solo rochoso; possuem degraus lindamente trabalhados, segundo a melhor técnica artesanal, degraus esses que conduzem às profundas câmaras mortuárias. Bandos de turistas estacam, admirados, a sua frente, mas nenhum deles recebe uma explicação da técnica misteriosa da escavação. Contudo, está indubitavelmente comprovado que os egípcios dominavam essa arte arquitetônica de galerias subterrâneas desde os tempos mais remotos, pois os mais antigos túmulos em rochas são trabalhados da mesma maneira que os mais recentes. Entre o túmulo de Teti, da Sexta Dinastia, e o de Ramsés I, do Novo Reino, não há diferença, embora entre as construções dos dois túmulos haja, no mínimo, mil anos de distância cronológica! Parece que nada de melhor se aprendeu depois de a técnica antiga haver sido adquirida; muito ao contrário, suas edificações mais recentes cada vez se tornavam meras cópias empobrecidas dos antigos modelos.

O turista que, gingando sobre um camelo chamado "Bismarck" ou "Napoleão" – na dependência de sua nacionalidade – , vai na direção da Pirâmide de Quéops, a oeste do Cairo, sente no estômago a curiosa sensação que sempre produzem as relíquias de um passado inconcebível. Ouve ele que, aqui e acolá, certo faraó mandara construir um jazigo mortuário. E, com esse refrescamento da memória quanto a coisas muito sabidas, volta para sua terra, depois de haver batido algumas chapas fotográficas impressionantes. Particularmente sobre a Pirâmide de Quéops já foram apresentadas algumas centenas de teorias tolas e indefensáveis. No grosso volume de 600 páginas, vindo a lume em 1864, intitulado *Our Inheritance in the Great Pyramid* (Nossa herança na grande pirâmide), de Charles Piazzi Smyth, lemos uma porção de relações abstrusas entre a massa das pirâmides e o globo terrestre.

Mas, após o mais severo exame, sempre restam alguns aspectos que nos deveriam tornar meditativos.

Sabe-se que os antigos egípcios praticavam um culto regular ao Sol: seu deus Sol, Rá, andava no céu de barco. Textos de pirâmides do Reino Antigo falam até de viagens celestiais do rei, realizadas, aliás, mediante a ajuda dos deuses e de seus barcos. Também os deuses e reis dos egípcios tinham a mania de voar...

Será mesmo mero acaso que a altura da Pirâmide de Quéops – multiplicada por 1 milhão – corresponda aproximadamente à distância Terra-Sol? Isto é, a 149.450.000 km? É um acaso que um meridiano que passa pelo centro da pirâmide divida continentes e oceanos em duas metades exatamente iguais? É um acaso que a circunferência da pirâmide – dividida pelo dobro de sua altura – tenha como resultado o famoso número de Ludof, pi = 3,1416? É acaso que forneça cálculos sobre o peso da Terra, e é também acaso que o solo rochoso sobre o qual se levanta a construção esteja cuidadosa e exatamente nivelado?

Em parte alguma há indício acerca do motivo pelo qual o construtor dessa pirâmide, o faraó Quéops, tenha escolhido justamente aquela rocha no deserto como local do monumento. Pode-se imaginar que tenha existido uma fenda natural na rocha, que ele aproveitou para firmar a construção colossal, como também poderia servir de explicação, embora bem pobre, que de seu palácio de verão ele desejava observar o progresso dos trabalhos. Ambas as razões são completamente destituídas de sentido. Por um lado, teria sido decididamente mais prático localizar o ponto da construção mais próximo às pedreiras orientais, a fim de encurtar os caminhos de transporte; e, por outro, é difícil imaginar que o faraó gostasse de ser importunado, anos a fio, pelo barulho que, também já naqueles tempos, enchia o local da construção, dia e noite. Como há muita coisa contra as explicações contidas nos livros escolares sobre a seleção do local, pode-se pedir vênia para perguntar se, também aqui, talvez os "deuses" se tenham intrometido na conversa, ainda que fosse apenas pela mediação dos sacerdotes. Se, porém, se admitir tal interpretação, então há uma prova de peso a mais para nossa teoria do passado fantástico da humanidade. Pois a pirâmide não só divide continentes e oceanos em duas metades iguais – ela, além disso, se situa no centro de gravidade dos continentes! Se os fatos aqui anotados não forem acasos – e é muito difícil acreditar que o sejam –, então o local da construção foi determinado por seres que conheciam com exatidão a forma do globo terrestre e a distribuição dos continentes e oceanos. Podemos recordar aqui a obra cartográfica de Piri Reis! Nem tudo pode ser explicado como acaso ou fábula.

Com que força, com que "máquinas", com que recursos técnicos, afinal, foi nivelado o solo rochoso? De que maneira os arquitetos avançavam com suas galerias? E como as iluminavam? Nem aqui, nem nos túmulos de rocha no Vale dos Reis, foram usadas tochas ou algo parecido. Não há tetos ou paredes enegrecidos, nem o menor indício de que tais vestígios tivessem sido apagados. Como e mediante o que foram serrados das pedreiras os blocos gigantescos? Com arestas tão retas e faces tão lisas? Como foram transportados e ajustados entre si com exatidão milimétrica? Novamente existe um feixe de explicações à livre escolha: planos inclinados; trilhas arenosas sobre as quais as pedras eram empurradas; andaimes, rampas, aterros... E naturalmente o trabalho de muitas centenas de milhares de formigas egípcias: felás, camponeses, artesãos...

Nenhuma dessas explicações resiste a uma observação crítica. A maior das pirâmides é (e se conserva?) testemunha visível de uma técnica nunca compreendida. Hoje, no século XX, nenhum arquiteto – mesmo que estivessem a sua disposição os recursos técnicos de todos os continentes – poderia imitar a construção da Pirâmide de Quéops!

Dois milhões e seiscentos mil blocos gigantescos foram recortados das pedreiras, lapidados, transportados e, no local da construção, unidos exatamente até o milímetro. E lá no fundo, no interior das galerias, as paredes foram pintadas em cores variadas!

O local da pirâmide foi um capricho do faraó.

As inalcançadas medidas "clássicas" da pirâmide foram ideias ocasionais do arquiteto...

Várias centenas de milhares de trabalhadores empurraram e puxaram sobre cilindros deslizadores (inexistentes), com cordas (inexistentes), blocos do peso de 12 toneladas, rampa acima...

Esse exército de trabalhadores vivia de cereais (inexistentes)...

Dormia em choupanas (inexistentes), que o faraó mandara erigir à frente de seu palácio de verão...

Com um alto-falante (inexistente), os trabalhadores eram movidos por um "ôô-aa" em ritmo animador e assim empurraram blocos de 12 toneladas em direção ao céu...

Se os diligentes obreiros tivessem vencido, por dia, a enorme tarefa de instalar 10 blocos, então – seguindo essa ilustração anedótica – em cerca de 250 mil dias = 664 anos teriam posto no lugar os 2.600.000 blocos de pedra, até formar a maravilhosa pirâmide! Sim, e que não o esqueçamos: tudo se formou como produto do capricho de um rei excêntrico, que não chegou a ver o término da obra arquitetônica por ele inspirada. Tetricamente belo e infinitamente triste.

Parece desnecessário perder uma só palavra para demonstrar que essa teoria, seriamente apresentada, é inteiramente ridícula. Quem é bastante ingênuo para acreditar que a pirâmide não devesse ser senão o túmulo de um rei? Quem quererá continuar considerando mero acaso o fato de que a pirâmide nos inspira relações matemáticas e astronômicas?

Sem discussão, atribui-se hoje a grande pirâmide ao faraó Quéops, que teria sido seu idealizador e construtor. Por quê? Porque todas as inscrições e placas indicam Quéops. Que a pirâmide não pudesse ter sido construída no espaço da duração de uma vida, parece-nos convincente. Que diríamos, porém, se Quéops tivesse mandado falsificar as inscrições e as placas que deveriam dar notícia de sua glória? Foi esse um dos métodos nada impopulares na Antiguidade, como muitas obras arquitetônicas o sabem contar. Cada vez que um soberano ditatorial queria ficar com a glória para si só, provavelmente ordenava esse processo. Se isso tiver sido assim, então a pirâmide existiu muito antes que Quéops nela mandasse afixar seus cartões de visita.

Na Biblioteca de Oxford encontra-se um manuscrito em que o autor copta Mas'Udi afirma haver sido o rei egípcio Surid quem mandou construir a grande pirâmide. Singularmente, esse Surid governou o Egito antes do dilúvio! Acrescenta o manuscrito que esse inteligente rei Surid ordenou a seus sacerdotes que registrassem todo o conjunto de sua sabedoria e escondessem os escritos no interior da pirâmide. Segundo a tradição copta, pois, a pirâmide foi construída antes do dilúvio.

Tal suposição é confirmada por Heródoto no Segundo livro de sua história: os sacerdotes em Tebas teriam mostrado a ele 341 figuras colossais, cada uma das quais indicaria uma geração de sumos sacerdotes num período de 11.340 anos. Hoje sabemos que cada sumo sacerdote, já em vida, fazia erigir sua própria estátua. Assim também o relata Heródoto de sua viagem a Tebas, informando que um sacerdote após outro lhe havia mostrado sua estátua, como prova de que sempre o filho sucedera ao pai. E os sacerdotes asseguraram a Heródoto que suas indicações eram muito exatas, uma vez que durante muitas gerações haviam registrado tudo por escrito. Declararam ainda que cada uma dessas 341 figuras representava uma geração humana, e que antes dessas 341 gerações os deuses haviam vivido entre os homens e que, depois disso, nenhum deus em figura de homem os teria visitado novamente.

Tradicionalmente estima-se o período histórico do Egito em cerca de 6.500 anos. Por que então os sacerdotes teriam mentido tão desavergonhadamente ao viajante Heródoto a respeito de seus 11.340 anos? E por que acentuaram expressamente que as últimas 341 gerações já não mais haviam sido visitadas pelos deuses? Essas indicações cronológicas precisas, corroboradas pelas estátuas, teriam sido completamente inúteis se, em tempos imemoriais, não tivessem mesmo vivido "deuses" entre os homens!

Sobre o como, o porquê e o quando da construção das pirâmides sabemos tanto quanto nada. Ali está diante de nós imponente montanha artificial com cerca de 150 metros de altura e 31,20 milhões de toneladas, como prova de uma realização incrível, e, no entanto, querem convencer-nos de que tal monumento não deve ser mais do que o jazigo de um rei extravagante! Acredite quem quiser...

Igualmente incompreensíveis, e até hoje não convincentemente explicadas, fixam-nos as múmias do passado como se guardassem consigo um mágico segredo. Muitos povos dominavam a arte de embalsamar cadáveres, e os achados fazem supor que os seres pré-históricos acreditavam na ressurreição, em uma segunda vida, em uma reencarnação. Tal suposição, porém, só seria aceitável se a crença numa segunda vida corpórea constasse da filosofia religiosa da Antiguidade! Se nossos antepassados tivessem acreditado num renascimento espiritual apenas, dificilmente teriam proporcionado tantos cuidados aos mortos. Os achados nos túmulos egípcios, porém, fornecem exemplo após exemplo do preparo para um retorno físico dos cadáveres embalsamados.

O testemunho da aparência, da prova visível, não é tão absurdo assim! De fato, registros e lendas fornecem pontos de apoio à veracidade das promessas feitas pelos "deuses", no sentido de regressarem das estrelas para despertar os corpos bem conservados para nova vida. É provável que, por isso, o aprovisionamento dos corpos embalsamados nas câmaras mortuárias tomava forma tão prática e visava a uma vida do outro lado do túmulo. Do contrário, que deveriam fazer com dinheiro, com joias, com seus pertences favoritos? E, uma vez que também se lhes dava de presente, no túmulo, parte de sua criadagem, indubitavelmente bem viva, tinham em mente, com todos esses preparos, a continuação da antiga existência em uma vida nova. Os túmulos eram construídos quase que à prova de bombas atômicas; imensamente duráveis e sólidos, podiam suportar indefinidamente a ação do tempo. Os valores que neles se enterravam, principalmente ouro e pedras preciosas, eram virtualmente indestrutíveis. Não se trata aqui de ventilar posteriores abusos nas mumificações. Aqui se trata do problema: quem inculcou na cabeça dos pagãos a ideia do renascimento físico? E onde se originou o primeiro pensamento audacioso de ser necessária a conservação das células do corpo a fim de que o cadáver, preservado em local seguro, pudesse ser despertado para uma vida nova, milhares de anos depois?

Até hoje, esse complexo misterioso do "acordar de novo" só foi considerado sob o ponto de vista religioso. Não poderia o faraó, que, com certeza, sabia muito mais que seus súditos sobre a essência e os hábitos dos "deuses", ter tido essas ideias, talvez completamente doidas? "Tenho de edificar para mim um túmulo que não possa ser destruído durante milênios e que seja bem visível a grande distância.

Os deuses prometeram voltar e acordar-me... (ou médicos de um futuro longínquo descobrirão um processo de me restituir a vida...)"

Que se pode dizer a isso, na época da cosmonáutica?

O médico e astrônomo Robert C. W. Ettinger, em seu livro publicado em 1962, *The Prospect of Immortality*, indica uma forma pela qual nós, homens do século XX, poderemos mandar congelar-nos de tal maneira que, segundo o ponto de vista biológico e médico, nossas células continuem vivendo em ritmo retardado 1 bilhão de vezes. Se bem que essa ideia, por enquanto, ainda possa parecer utópica, fato é que, já hoje, quase todas as clínicas de vulto mantêm "bancos de ossos", onde se conservam ossos humanos, durante anos, em estado de congelamento profundo. Quando necessário, são postos em condições de servir para enxertos. Sangue fresco – também isso já é praticado em toda parte – pode ser conservado a uma temperatura de 196 graus abaixo de zero, por tempo indeterminado, sim, e a possibilidade de armazenamento de células vivas, à temperatura do nitrogênio líquido, é aproximadamente infinita. Teria o faraó tido uma ideia utópica, que dentro em breve será concretizada na prática?

É preciso ler duas vezes o que se segue, para tomar consciência de todas as implicações fantásticas que envolvem os resultados da pesquisa científica que vamos mencionar. Biólogos da Universidade de Oklahoma constataram, em março de 1963, que as células epidérmicas da princesa egípcia Mene continuam dotadas de capacidade vital! E a princesa Mene está morta há vários milhares de anos!

Em muitas partes, foram encontradas múmias intactas, de uma conservação tão perfeita que parecem vivas. Entre os incas, múmias de geleiras suportaram os tempos e teoricamente são capazes de vida. Utopia? No verão de 1965, a televisão russa mostrou dois cães que haviam sido deixados durante uma semana em congelamento profundo. No sétimo dia resolveram descongelá-los, e eis que reviveram, alegres como antes!

Os americanos, também isso não é segredo, no âmbito de seu amplo programa de cosmonáutica, ocupam-se vivamente com o problema de como se poderão congelar astronautas do futuro para suas longas viagens a estrelas remotas...

O prof. Ettinger, hoje muito ridicularizado, profetiza um futuro longínquo em que os homens não se deixarão cremar, nem devorar pelos vermes – um futuro em que os cadáveres, conservados a baixíssima temperatura, em cemitérios ou abrigos de congelamento profundo, aguardarão o dia em que conhecimentos médicos mais avançados possam eliminar as causas da morte e com isso restituir os corpos a uma vida nova. Quem desenvolver esse pensamento utópico até o fim chegará à visão terrífica de um exército de soldados em congelamento profundo, que, conforme a necessidade, em caso de guerra, serão descongelados para entrar em combate. Visão realmente horrível!

O que, porém, as múmias têm a ver com nossa hipótese de astronautas na obscura Antiguidade? Estaremos forçando provas?

Mas pergunto: de onde souberam os antigos que as células do corpo, após um tratamento apropriado, continuam vivendo em ritmo retardado 1 bilhão de vezes?

Pergunto: de onde se origina a ideia da imortalidade, de onde até a de um despertar físico?

A maioria dos povos antigos dominava com habilidade a técnica da mumificação; os povos ricos efetivamente a praticavam. Não estou interessado nesse fato demonstrável, mas na solução do enigma: de onde se originou a ideia de um novo despertar, um regressar para a vida? Teria essa ideia ocorrido por mero acaso a um rei ou a um chefe de tribo, ou talvez a algum poderoso cidadão que tivesse observado os "deuses" enquanto tratavam cadáveres segundo um processo complicado e os guardavam em sarcófagos à prova de bombas? Ou alguns "deuses" (= cosmonautas) teriam transmitido a um príncipe inteligente seus conhecimentos de como – após um tratamento específico – seria possível despertar cadáveres para uma nova vida?

Essas especulações carecem de confirmação em fontes contemporâneas. A humanidade, dentro de algumas centenas de anos, dominará a cosmonáutica com uma perfeição hoje ainda inimaginável. Agências de viagens oferecerão em seus prospectos viagens planetárias com datas precisas de partida para ida e volta. Condição essencial para tal perfeição, aliás, é que todos os ramos da ciência acompanhem o passo da evolução. A Eletrônica e a Cibernética, por si sós, não podem alcançar o escopo de equipe. A Medicina e a Biologia farão suas contribuições, descobrindo caminhos que possibilitem um prolongamento do processo vital humano. Hoje, esse setor da pesquisa cósmica já está em pleno progresso. Aqui, devemos perguntar-nos: teriam os cosmonautas, já em tempos arcaicos, conhecimentos que nós precisaremos redescobrir? Inteligências desconhecidas já estariam a par de métodos segundo os quais deveriam ser tratados corpos para que, após uns tantos milênios, pudessem retornar à vida? Quem sabe se os "deuses", inteligentes como eram, tinham interesse em "conservar" ao menos um morto, com todo o saber de sua época, a fim de que, em algum tempo futuro, pudesse ser interpelado acerca da história de sua geração? O que nós, afinal, sabemos? Não é possível que tal interpelação pelos "deuses retornados" já tenha sido feita nalgum tempo e lugar?

A mumificação, que, de início, era questão elevada e solene, vulgarizou-se como generalizada moda, no correr dos séculos. Já então, todo mundo queria ser ressuscitado, qualquer um pensava que poderia adquirir novamente a vida, se para isso fizesse apenas o mesmo que seus antepassados. Os sumos sacerdotes, que, de fato, dispunham do conhecimento de tais renascimentos, contribuíam vigorosamente para que esse culto fosse promovido, pois sua classe com ele fazia bons negócios.

Já me referi à impossibilidade física das idades dos reis sumérios e dos patriarcas bíblicos. Perguntei se quanto a esses seres se pudesse pensar em cosmonautas que, em virtude dos desvios cronológicos em voos interestelares pouco abaixo da velocidade da luz, avançassem bem pouco em sua idade, relativamente a nosso planeta.

Será talvez possível encontrar alguma pista com relação à idade incrível das pessoas mencionadas nas escrituras, se concordarmos que essas pessoas tivessem sido mumificadas ou congeladas? Se seguirmos essa teoria, então os astronautas cósmicos teriam congelado personalidades de escola da Antiguidade – mergulhado-as em sono profundo artificial, como relatam lendas – e, por ocasião de visitas posteriores, cada vez as teriam retirado da gaveta e as descongelado para uma conversa com elas. No fim de cada visita teria sido tarefa da casta dos sacerdotes, instruída e instituída pelos cosmonautas, preparar novamente os mortos-vivos e zelar de novo por eles em templos gigantescos, até que um dia os "deuses" voltassem.

Impossível? Ridículo? Geralmente, aqueles que se sentem mais rigidamente presos às leis da natureza são os que manifestam as objeções mais tolas. Não apresenta a própria natureza exemplos notórios dessa "hibernação" e de um novo despertar?

Existem espécies de peixes que, congelados até a dureza de pedra, reanimam-se à temperatura favorável e nadam, alegres, na água. Flores, larvas e pupas não só suportam uma hibernação biológica, mas também ostentam belas roupas novas.

Agora, como meu próprio advogado do diabo, pergunto: Apreenderam os egípcios a possibilidade da mumificação pela observação da natureza? Se esse fosse o caso, então deveria provavelmente existir um culto das borboletas ou dos besouros[3], ou ao menos um vestígio disso. Não há nada nesse sentido! Existem, em túmulos subterrâneos, sarcófagos gigantes com touros mumificados, mas dos touros os egípcios não teriam podido apreender o sono hibernal.

---

3 O autor deixou de mencionar o escaravelho sagrado, símbolo de vida eterna no Egito antigo, em virtude de sua suposta capacidade de autofecundação. (Esse detalhe é mencionado por Paul Frischauer em seu livro *Está escrito*, lançado pela Editora Melhoramentos em 1972.) (N. da E.)

A oito quilômetros de Heluã, situam-se mais de 5 mil túmulos de dimensões variadas, todos originários do tempo das Primeira e Segunda Dinastias. Esses túmulos provam que a arte da mumificação já florescia há 6 mil anos.

Em 1953, o prof. Emery descobriu, num cemitério antigo de Sakkara do Norte, um grande túmulo, atribuído a certo faraó da Primeira Dinastia (provavelmente Uadjis). Fora da cova principal, havia três fileiras com mais setenta e dois túmulos, onde estavam deitados os cadáveres da criadagem, que desejava acompanhar seu rei ao outro mundo. Nos corpos dos sessenta e quatro moços e das oito moças não se encontra vestígio algum de violência. Por que essas setenta e duas pessoas se deixaram murar e matar?

A fé em uma segunda vida no além é a explicação mais conhecida e ao mesmo tempo mais simples para esse fenômeno. Além de joias e ouro, colocavam-se também cereais, óleos e especiarias no túmulo – obviamente como provisões para o além. Eventualmente, os túmulos eram reabertos mais tarde, não só por ladrões, mas também por faraós. O faraó, então, encontrava, no túmulo de um antepassado, as provisões bem conservadas. O morto, pois, não as havia ingerido, nem levado para o além. E, quando se fechavam de novo os túmulos, eram eles guarnecidos de novas mercadorias, lacrados à prova de roubo e munidos de muitas armadilhas. Isso sugere a ideia da crença em um despertar em futuro remoto, e não imediato, no além.

Também em Sakkara foi descoberto, em junho de 1954, um túmulo que não havia sido violado, pois na câmara mortuária estava uma caixa com joias e ouro. O sarcófago, em vez de ser fechado por uma tampa, o era por uma chapa deslizável. A 9 de junho, o dr. Goneim abriu solenemente o sarcófago. Não continha nada. Absolutamente nada. Ter-se-ia a múmia evadido sem levar seu tesouro?

O russo Rodenko descobriu, a 80 quilômetros da fronteira da Mongólia exterior, um túmulo, conhecido por Curgã V. Esse túmulo tinha a forma de uma colina pedregosa e era internamente revestido com madeira. Todas as câmaras mortuárias estavam cheias de gelo, que, à temperatura local, jamais se funde. Por isso, o conteúdo do túmulo foi conservado em condições de congelamento profundo. Uma das câmaras continha um homem embalsamado e uma mulher identicamente preparada; ambos estavam providos de todas as coisas de que teriam necessitado para uma vida posterior: alimentos em tigelas, roupas, joias, instrumentos musicais. Tudo isso profundamente congelado e bem conservado, inclusive as múmias nuas! Noutra câmara, os especialistas identificaram um retângulo contendo quatro fileiras de seis quadrados, cada um destes com desenhos em seu interior. O conjunto poderia ser considerado cópia do tapete de pedras que se encontra no palácio assírio de Nínive! Estranhas figuras semelhantes a esfinges, com intrincados chifres na cabeça e asas nas costas, são claramente visíveis e sua atitude sugere que aspiram a uma ascensão ao céu. Mas essas coisas, desenterradas na Mongólia, dificilmente constituem fundamento em que se baseasse a crença numa segunda vida espiritual. O congelamento profundo aplicado naqueles túmulos – pois é disso que se trata nas covas revestidas de madeira e preenchidas com gelo – é demasiado terrestre e destinado a finalidades terrenas. Por que, e esse problema cada vez nos avassala de novo, achavam os antigos que cadáveres por eles preparados dessa maneira preencheriam condições de possibilitar um novo despertar? Isso, por enquanto, é um enigma.

Na aldeia chinesa de Wu'Chuan existe um túmulo retangular de 14 por 12 metros onde jazem os esqueletos de 17 homens e 24 mulheres. Também aqui, nenhum dos esqueletos ostenta sinais de morte violenta. Há túmulos em geleiras nos Andes, túmulos de gelo na Sibéria, túmulos individuais e coletivos na China, no Egito e no território da antiga Suméria. Múmias foram encontradas no extremo norte, assim como na África do Sul. E em todos os casos os mortos estavam cuidadosamente preparados e providos para um novo despertar em época posterior. Todos os cadáveres foram equipados com o necessário a uma vida nova e todos os túmulos foram construídos e instalados de maneira que pudessem durar milênios.

É tudo isso apenas acaso? São ideias apenas, embora curiosas, dos antepassados? Ou existe uma promessa antiga, por nós ignorada, de uma ressurreição corporal? Quem poderia ter feito?

Em Jericó foram escavados túmulos de 10 mil anos, em que foram encontradas cabeças de 8 mil anos, modeladas em gesso. Também isso é estranhável, pois supõe-se que esse povo ainda não conhecia a técnica da cerâmica. Em outra parte de Jericó descobriram-se fileiras inteiras de casas redondas: as paredes, na extremidade superior, eram inclinadas para dentro, como telhados em cúpula.

O todo-poderoso isótopo de carbono C-14, com auxílio do qual se pode determinar a idade de substâncias orgânicas, indica, para esses últimos casos, um máximo de 10.400 anos. Essa indicação coincide com bastante exatidão com as datas transmitidas pelos sacerdotes egípcios. Estes diziam que seus antepassados sacerdotais tinham se dedicado ao serviço durante mais de 11 mil anos. Também mero acaso?

Um achado especialmente extraordinário é constituído de pedras pré-históricas encontradas em Lussac (Poitou, França): ostentam desenhos de homens, em trajes perfeitamente modernos, de chapéu, paletó e calça curta. O abade Breuil afirma que os desenhos são autênticos, e esse depoimento lança em confusão toda a Pré-História. Quem gravou as pedras? Quem teria imaginação suficiente para visualizar um habitante das cavernas, vestido de peles, que desenhasse nas paredes figuras do século XX?

Nas cavernas de Lascaux, na França meridional, foram achadas, em 1940, as mais grandiosas pinturas da Idade da Pedra. Essa galeria de quadros se apresenta vívida, intacta e com tanta plasticidade que parece obra de nossos dias. Duas perguntas se impõem inevitavelmente: como essa caverna era iluminada para o árduo trabalho do artista da Idade da Pedra? Por que as paredes da caverna foram ornadas com essas pinturas surpreendentes?

As pessoas que julgam estúpidas essas perguntas que nos expliquem então as contradições: se os habitantes das cavernas da Idade da Pedra eram primitivos e selvagens, então não poderiam produzir pinturas tão admiráveis nas paredes das cavernas. Fosse o selvagem, no entanto, capaz de produzir essa pintura, por que não estava ele em condições de construir cabanas para seu abrigo? As mais altas autoridades admitem que o animal, há milhões de anos, tinha capacidade para construir ninhos e tocas. Obviamente, porém, parece não se enquadrar no presente sistema mental conceder a mesma habilidade ao *Homo sapiens* pré-histórico.

No deserto de Gobi, em local não distante daquelas singulares vitrificações de areia, que só podem ter-se formado pelo efeito de grande calor, o prof. Koslov encontrou, a profundidade considerável e sob as ruínas de Khara-Khota, um túmulo que data de uns 12 mil anos antes de Cristo. No interior do sarcófago estavam os corpos de duas pessoas ricas; no exterior, encontrava-se o desenho de um círculo com separação em duas partes por um traço vertical.

Nas Montanhas Subis, perto da costa ocidental de Bornéu, encontrou-se uma rede de cavernas trabalhadas à maneira de catedrais; remanescentes culturais nas cavernas recuam a época de sua construção para cerca de 38 mil anos antes de Cristo. Dentre esses achados incríveis, existem tecidos de tal finura e suavidade que nem com a melhor das boas vontades podem ser atribuídos a selvagens! Perguntas, perguntas, perguntas...

Não estamos agora lidando com hipóteses, mas com elementos concretos e, no entanto, inexplicáveis, que existem em abundância: cavernas, túmulos, sarcófagos, múmias, mapas antigos, construções aparentemente loucas, frutos de imensos trabalhos arquitetônicos e técnicos, tradições das mais diversas proveniências, que não se consegue enquadrar em esquema algum.

As primeiras dúvidas infiltram-se no arcabouço estereotipado da teoria arqueológica. Mas não basta: é preciso abrir verdadeiras picadas no matagal do passado. Marcos têm de ser colocados de novo, possivelmente também uma série de datas fixas deverá ser novamente determinada.

Que fique claro: aqui não se põe em dúvida a História dos últimos 2 mil anos! Falamos só e exclusivamente da Antiguidade mais obscura, das trevas mais profundas dos tempos, que, mediante novas colocações de questões, nos esforçamos por clarear.

Também não podemos indicar números e datas quanto à época da visita de inteligências procedentes do espaço cósmico, que começaram a influenciar nossa própria inteligência, ainda jovem. Ousamos, porém, duvidar das datações até hoje atribuídas à obscura Antiguidade. Suspeitamos ter razões suficientemente boas para supor que o acontecimento que nos importa ocorreu no período neopaleolítico, portanto, entre 10 mil e 40 mil anos antes de Cristo. Por enquanto, nossos métodos datadores, inclusive o famoso e salvador isótopo de carbono C-14, deixam grandes lacunas, assim que se passe de um período médio de 45.600 anos. Quanto mais velha a substância a ser investigada, tanto menos digno de confiança se torna o método radiocarbônico. Mesmo pesquisadores sérios disseram-nos que não julgavam muito digno de confiança o método do C-14 porque, se a idade de uma substância orgânica estiver entre 30 mil e 50 mil anos, não será possível datá-la exatamente, dentro desses limites.

Não é preciso que se aceitem irrestritamente essas vozes críticas. A despeito disso, um segundo método de datação, paralelo ao do C-14 e baseado em mais novos avanços da ciência, seria sumamente desejável.

8 Ilha de Páscoa: a terra dos Homens- -Pássaros

Teriam os deuses abandonado os gigantes na Ilha de Páscoa?

Quem foi o deus branco?

Não se conheciam teares, e mesmo assim cultivava-se algodão

A última compreensão do homem

Os primeiros navegadores marítimos europeus, que no começo do século XVIII chegaram à Ilha de Páscoa, não acreditaram no que seus olhos viam: nesse pequeno pedaço de terra, 3.600 quilômetros distante da costa do Chile, centenas de estátuas de dimensões imensas estavam irregularmente dispostas por toda parte. Montanhas inteiras haviam sido moldadas, pedra vulcânica, dura como aço, havia sido cortada como se fosse manteiga e dezenas de milhares de toneladas de rochas maciças estavam deitadas em locais onde não poderiam ter sido lavradas. Centenas de vultos gigantescos, alguns com 10 a 20 metros de altura e peso que atinge até 50 toneladas, fixam ainda hoje provocadoramente o visitante, como se fossem robôs à espera de ser novamente postos em funcionamento. Originariamente, esses colossos usavam chapéus; mas os chapéus também, a rigor, não contribuíam muito para determinar a origem misteriosa das estátuas: esses chapéus de pedra, de mais de 10 toneladas, foram encontrados em pontos distantes dos corpos. Junto a alguns desses colossos, na mesma ocasião, foram encontradas plaquinhas de madeira, inscritas com hieróglifos singulares. Hoje, porém, em todos os museus do mundo, não se pode conseguir nem dez dessas plaquinhas e, das que ainda existem, nenhuma inscrição foi decifrada.

As investigações de Thor Heyerdahl em torno desses misteriosos gigantes deram como resultado três períodos de cultura nitidamente distintos, e o mais antigo dos três parece ter sido o mais perfeito. Restos de carvão de lenha, que Heyerdahl encontrou, parecem datar de 400 anos depois de Cristo. Não é comprovado que esses locais de fogueira e restos de ossos tenham qualquer relação com os colossos de pedra. Em parede de rocha e beiradas de crateras, Heyerdahl descobriu centenas de estátuas inacabadas; milhares de ferramentas para lavrar pedra – simples machados, também de pedra – estavam espalhadas, como se de repente todos os artífices tivessem desistido do trabalho.

A Ilha de Páscoa situa-se a grande distância de qualquer continente e de qualquer civilização. A seus habitantes, a Lua e as estrelas devem ter sido mais familiares do que qualquer outra terra. Na ilha, território minúsculo constituído de pedra vulcânica, não crescem árvores. A explicação corriqueira de que os gigantes de pedra teriam sido transportados para seus lugares mediante cilindros de madeira também dessa vez não é aplicável. A ilha também mal poderia produzir alimentação para mais do que 2 mil pessoas. (Hoje vivem na Ilha de Páscoa algumas centenas de indígenas.) Uma regular linha de navegação, que levasse alimentação e roupa para os escultores de pedra na ilha, mal é imaginável na Antiguidade. Quem, pois, separou os blocos das pedreiras, quem lavrou as estátuas e as transportou a seus lugares? Como foram elas – sem cilindros deslizadores – movidas por quilômetros, sobre toda espécie de barreiras? Como foram cinzeladas, polidas e erguidas? E como foi colocado o chapéu, cuja pedra era originária de pedreira diferente da das figuras?

Se, mediante viva imaginação, procura-se figurar no Egito o trabalho de um exército de formigas segundo o método "ôô-aa", essa ideia, na Ilha de Páscoa, cai por terra, por falta de gente. Um total de 2 mil homens em caso algum seria suficiente – ainda que trabalhassem dia e noite – para modelar aquelas figuras colossais de pedra vulcânica, dura como aço, usando tão primitivas ferramentas. De fato, parte da população é provável que tivesse de cultivar os parcos campos e dedicar-se a uma pesca modesta; algumas pessoas deveriam tecer panos e fiar cordas. Não, 2 mil homens apenas não poderiam ter criado as estátuas gigantes. E uma população mais numerosa não é imaginável na Ilha de Páscoa. Quem, portanto, realizou o trabalho? E por que foi ele realizado? E por que ficam as estátuas todas na periferia da ilha, nenhuma, porém, no interior? A que culto teriam servido?

Infelizmente, também nessa minúscula nesga de terra, os missionários ocidentais contribuíram com sua parte para que as trevas dos tempos permanecessem; queimaram plaquinhas com caracteres hieroglíficos, proibiram os antigos cultos religiosos e destruíram qualquer tradição. Por mais radicalmente, porém, que aqueles piedosos senhores se dedicassem à sua obra, nem por isso puderam impedir que os indígenas, ainda hoje, chamem sua ilha de "Terra dos Homens-Pássaros". E a lenda, transmitida de boca em boca, reza que em tempos imemoriais aportaram ali homens voadores e acenderam fogo. A lenda encontra sua confirmação em esculturas de seres voadores com grandes olhos fixos.

Involuntariamente, certas relações entre a Ilha de Páscoa e Tiahuanaco nos vêm à mente! Lá como aqui encontramos gigantes de pedra enquadrados no mesmo estilo. Os rostos orgulhosos, com sua expressão fisionômica estoica, combinam com as figuras – aqui como lá. Quando Francisco Pizarro, no ano 1532, interpelou os incas sobre Tiahuanaco, disseram-lhe que ninguém vira essa cidade a não ser em ruínas, pois Tiahuanaco teria sido erigida na noite da humanidade. Tradições designam a Ilha de Páscoa como "Umbigo do Mundo". Entre Tiahuanaco e a Ilha de Páscoa há uma distância de mais de 5 mil quilômetros. Como, afinal, seria possível que uma das culturas tivesse sido inspirada pela outra?

Quem sabe se aqui a mitologia pré-histórica pode dar-nos um indício? De acordo com ela, o velho deus criador Viracocha era uma divindade antiga e elementar. Segundo tradições, Viracocha criou o mundo quando ainda era escuro e sem Sol; ele cinzelou, de pedra, uma geração de gigantes; quando estes lhe desagradaram, mergulhou-os numa grande maré; depois providenciou para que sobre o Lago Titicaca se levantassem o Sol e a Lua, a fim de haver luz sobre a Terra. Sim, e então – leia-se com toda a atenção – teria ele formado, em Tiahuanaco, figuras de barro, de homem e animal, e lhes teria inspirado vida; a partir dali, ele teria instruído esses seres vivos, por ele criados, em língua, costumes e artes para, finalmente, voar com alguns para diversos continentes, que eles deveriam habitar dali por diante. Depois dessa obra, o deus Viracocha teria viajado com dois auxiliares para muitas terras, a fim de controlar como suas ordens seriam seguidas e a que resultados levariam. No disfarce de um homem velho, Viracocha teria palmilhado Andes acima e ao longo das costas, e, às vezes, aqui e acolá teria sido mal recebido. Uma vez, em Cacha, ele teria se aborrecido tanto com a recepção que, repleto de ira, incendiou um rochedo, que começou a queimar toda a terra. Aí, o povo ingrato teria pedido seu perdão, e ele, com um único gesto, teria apagado as chamas. Viracocha teria continuado a viajar e distribuir conhecimentos e conselhos. Em consequência, muitos templos lhe teriam sido erigidos. Na província costeira de Manta, finalmente, ele teria se despedido e, cavalgando sobre o oceano, desaparecido, dizendo antes que pretendia voltar...

Os conquistadores espanhóis das Américas do Sul e Central depararam em todas as partes com as lendas de Viracocha. Nunca tinham ouvido falar em gigantes homens brancos vindos de qualquer ponto do céu... Cheios de espanto, souberam de uma raça de filhos do Sol que ensinavam aos homens todas as espécies de artes e novamente desapareciam. E em todas as lendas que os espanhóis ouviram contar havia a afirmação de que os filhos do Sol voltariam.

De fato, o continente americano é pátria de culturas muito antigas, mas nossa ciência exata sobre a América não tem nem mil anos. É completamente impossível imaginar por que, 3 mil anos antes de Cristo, os incas cultivavam algodão no Peru, embora não conhecessem nem possuíssem teares... Os maias construíram estradas, mas não faziam uso da roda, embora a conhecessem... O fantástico colar de jade verde, de cinco voltas, encontrado na pirâmide tumular de Tikal, na Guatemala, é um verdadeiro milagre, porque o jade é originário da China... Incompreensíveis as esculturas dos olmeques. Com seus belos crânios gigantescos metidos em capacetes, só poderão ser admirados nos locais em que foram encontrados, pois nunca serão expostos em museu algum: nenhuma ponte do país suportaria o peso de tais colossos. Até agora, somente monólitos "menores", até 50 toneladas, puderam ser removidos mediante o uso de modernos guindastes e carretas. Apenas em tempos mais recentes foram fabricados guindastes capazes de suportar várias centenas de toneladas. Isso, porém, nossos antepassados já sabiam fazer. Mas como?

Até parece que os povos antigos sentiram prazer especial em transportar gigantes de pedra por sobre montanhas e vales: os egípcios iam buscar seus obeliscos em Assuã; os arquitetos de Stonehenge obtiveram seus blocos de pedra ao sudoeste de Gales e em Marlborough; os escultores da Ilha de Páscoa transportavam suas estátuas-monstro, acabadinhas, de uma pedreira bem distante até o local da ereção. E à pergunta sobre a origem de alguns dos monólitos de Tiahuanaco ninguém sabe responder. Nossos ancestrais eram seres estranhos: gostavam realmente de desconforto e construíam seus monumentos sempre nos locais mais impossíveis. Tudo isso apenas porque gostavam da vida difícil?

Não queremos julgar tão tolos os artistas de nosso grande passado: poderiam ter erigido seus templos e monumentos do mesmo jeito na proximidade imediata das pedreiras, não lhes tivesse uma tradição antiga prescrito os locais de ereção de suas obras. Estamos convencidos de que o forte inca de Sacsayhuaman foi erigido sobre Cuzco não por mero acaso, muito pelo contrário; uma tradição deve ter designado esse local como sagrado. Estamos convencidos também de que, em toda parte onde foram achadas as mais remotas construções monumentais da humanidade, as sobras mais interessantes e essenciais de nosso passado ainda permanecem escondidas no subsolo e poderiam muito bem ser de importância decisiva para o desenvolvimento futuro da cosmonáutica de hoje.

Os ignotos cosmonautas estrangeiros que há tantos milhares de anos visitaram nosso planeta não deviam ter tido visão menos ampla do que aquela que nós hoje acreditamos possuir. Estavam convictos de que o homem algum dia iniciaria, pela própria força e pelo próprio saber, a arrancada para o espaço cósmico. É um fato histórico que as inteligências de nosso planeta sempre procuraram por espíritos afins, por vida e por inteligências que lhes correspondam no espaço cósmico.

Antenas e transmissores da época atual irradiaram os primeiros impulsos de rádio para inteligências alienígenas. Quando receberemos resposta – se em dez, quinze ou cem anos – não sabemos. Nem sabemos qual a estrela que devemos sondar, pois não temos ideia de qual seja o planeta mais interessante para nós. Onde nossos sinais estarão alcançando inteligências estranhas, semelhantes ao homem? Não o sabemos. Entretanto, há muita coisa a apoiar a crença de que a informação necessária à objetivação desse intento está depositada para nós aqui na Terra. Esforçamo-nos por neutralizar a força da gravidade; experimentamos motores de propulsão a jato, de energia imensa, com partículas elementares e com antimatéria. Mas estamos nós fazendo o bastante para encontrar as indicações que estão escondidas na Terra para nós, a fim de finalmente poder estabelecer com certeza qual o astro em que tivemos origem?

Se tomarmos as coisas ao pé da letra, muito do que até agora só com dificuldade se encaixava no mosaico de nosso passado acabou por se tornar bem mais plausível: não somente as pistas importantes encontradas em escritos antigos, mas até os "duros fatos" que se oferecem a nosso olhar crítico ao redor do globo. Afinal, dispomos da razão como guia de nosso pensamento.

A compreensão última do homem será, portanto, constatar que a justificação de sua vida até o presente e todos os seus esforços pelo progresso têm consistido em aprender do passado, a fim de ficar preparado para contato com a existência no espaço. Quando isso se realizar, o mais inteligente e mais ferrenho individualista terá de compreender que a missão espiritual da humanidade é colonizar o Universo e perpetuar seus esforços e sua experiência prática. Então, a promessa dos "deuses" poderá concretizar-se: haverá paz sobre a Terra e estará aberto o caminho para o infinito.

Assim que todas as autoridades, poderes e inteligências disponíveis se devotarem à pesquisa do espaço cósmico, ficará esclarecido convincentemente, por meio do resultado dessa pesquisa, a insensatez das guerras terrestres. Quando homens de todas as raças, povos e nações se reunirem para a tarefa supranacional de tornar tecnicamente possíveis viagens para planetas longínquos, a Terra, com todos os seus miniproblemas, se encolherá para a pequena dimensão que lhe corresponde, em comparação com os processos cósmicos.

Os ocultistas podem apagar suas lâmpadas; os alquimistas, destruir seus cadinhos; fraternidades secretas, despir seus hábitos.

Disparates excelentemente bem vendidos durante milênios não mais terão mercado. Quando o espaço cósmico nos abrir suas portas, chegaremos a um futuro melhor.

Baseamos as razões de nosso ceticismo quanto à descoberta do passado nos conhecimentos hoje à nossa disposição. Ao confessar que somos céticos, desejamos que isso seja tomado no sentido adotado por Thomas Mann, ao fazer uma conferência, na década de 1920:

"O positivo no cético é que ele julga tudo possível!".

9 Os mistérios da América do Sul e outras singularidades

Cidades do jângal construídas com base em calendários

Migração dos povos como excursão de família? – Um deus tem um desencontro

Por que os observatórios são redondos? – Máquinas de calcular na Antiguidade

Uma reunião de deliciosas maluquices

Apesar de não ter intenção de pôr em dúvida a História da Humanidade dos últimos 2 mil anos, creio, assim mesmo, que os deuses gregos e romanos e também a maior parte dos vultos mitológicos e das lendas estão envoltos pela névoa de um passado muito remoto. Desde que existem homens, sobrevivem no meio dos povos tradições arcaicas. Mesmo culturas modernas fornecem indícios que apontam para o obscuro passado ignoto.

Ruínas nos jângais da Guatemala e de Iucatã resistem a qualquer comparação com as colossais construções egípcias. O plano da base da Pirâmide de Cholula – a 100 quilômetros ao sul da Cidade do México – é maior que o da Pirâmide de Quéops. O campo de pirâmides de Teotihuacan, a 50 quilômetros ao norte da capital, cobre uma planície de quase 20 quilômetros quadrados, e todas as construções escavadas orientam-se pelas estrelas. O texto mais antigo sobre Teotihuacan relata que ali se reuniam os deuses e se aconselhavam acerca do homem, antes mesmo que o *Homo sapiens* tivesse existido!

Já falamos do calendário dos maias, o mais exato do mundo; ficamos conhecendo a equação de Vênus. Hoje está comprovado estarem todas as obras arquitetônicas em Chichén Itzá, Tikal, Copán ou Palenque orientadas segundo o fabuloso calendário dos maias. Não se construía uma pirâmide porque dela se precisava, não se construíam templos porque eram necessários. Construíram-se pirâmides e templos porque o calendário prescrevia que, a cada 52 anos, um número prefixado de degraus de uma obra arquitetônica deveria ser concluído. Cada pedra relaciona-se com o calendário, cada obra arquitetônica é astronomicamente orientada com exatidão.

O que, porém, ocorreu por volta de 600 anos depois de Cristo é simplesmente incompreensível! Um povo inteiro, de repente e sem motivo, abandonou suas cidades construídas tão solidamente e com tanto esforço, com seus ricos templos, suas artísticas pirâmides, suas praças orladas de estátuas e os estádios grandiosos. O jângal devorou construções e estradas: quebrou os muros e produziu uma imensa paisagem de ruínas. Nenhum habitante jamais retornou àqueles locais.

Suponhamos que esse fenômeno, essa enorme migração de povos, tivesse ocorrido no Egito antigo: durante gerações construíram-se, segundo as datas de um calendário, templos, pirâmides, cidades, reservatórios de água e estradas; esculturas maravilhosas foram esculpidas na pedra com grande esforço, por meio de ferramentas primitivas, e colocadas nos edifícios pomposos; terminado esse trabalho de mais de um milênio, todo o povo abandonou o local em que vivia e emigrou para o norte inóspito. Tal ocorrência, aproximada um pouco mais dos períodos cronológicos para nós compreensíveis, parece inimaginável, por insensata. Quanto mais incompreensível um acontecimento, tanto mais numerosas as tentativas de interpretação e vagas as explicações. Ofereceu-se primeiro a versão de que os maias poderiam ter sido expulsos por invasores estranhos. Quem, porém, estaria apto a enfrentar os maias, que se encontravam no auge de sua civilização e cultura? Em parte alguma encontrou-se vestígio que pudesse admitir a conclusão de que tivesse havido um conflito armado. Bem possível de cogitação é a ideia de que forte mudança climática houvesse induzido a migração dos povos. Também essa hipótese não encontra apoio em qualquer indício. Nem poderia, uma vez que a distância entre o antigo território dos maias e as fronteiras do novo reino atinge, em linha reta, apenas 350 quilômetros, o que, para escapar de uma mudança climática catastrófica, não teria sido suficiente. Também a interpretação de que uma epidemia dizimadora de vidas tivesse posto os maias em movimento exige um exame rigoroso. Além de constituir simples possibilidade entre muitas outras que se ofereceram, ela não tem a seu favor a mínima prova. Houve uma disputa entre duas gerações? Teria a nova se rebelado contra a velha? Houve uma guerra civil, uma revolução? Fosse acertada uma dessas possibilidades, então só uma parte da população, isto é, a derrotada, teria abandonado o país, ao passo que a vitoriosa teria permanecido. Investigações nos locais de escavação não trouxeram indício algum de que um só dos maias tivesse lá ficado! O povo inteiro de repente emigrou, abandonando no jângal seus tesouros sagrados.

Desejamos introduzir uma nova voz no concerto das muitas opiniões, uma tese que é tão pouco provada como as outras interpretações que, até hoje, não puderam fazer falar a seu favor quaisquer fatos. Tanta probabilidade como a que encerram as outras explicações, nós também nos arrogamos a atribuir, audaciosa e convictamente, a nossa hipótese.

Os antepassados dos maias, a qualquer tempo, numa época muito remota, receberam a visita de "deuses" (os quais nós suspeitamos que eram astronautas). Como uma série de indícios apoia a suposição, talvez os antepassados dos povos de cultura americana tenham sido imigrantes provenientes do antigo Oriente. No mundo dos maias, porém, havia tradições sagradas rigorosamente guardadas, da Astronomia, da Matemática e do calendário! Como os "deuses" haviam dado sua palavra de que algum dia retornariam, os sacerdotes guardavam a sabedoria tradicional: criaram uma grandiosa religião nova, a religião do Kukulkan, da "serpente voadora".

Segundo a tradição sacerdotal, os "deuses" desejavam voltar do céu no tempo em que as grandes obras arquitetônicas tivessem sido terminadas, conforme as leis do ciclo do calendário. Portanto, inspiraram o povo a concluir templos e pirâmides segundo esse ritmo sagrado, porque o ano do término deveria tornar-se um ano de alegria. O deus Kukulkan viria então das estrelas, tomaria posse dos edifícios e dali por diante viveria de novo entre os homens.

A obra estava concluída, o ano do regresso do deus tinha chegado – mas nada aconteceu! O povo cantava e rezava, e esperou um ano inteiro. Escravos, joias, milho e óleo eram sacrificados sem êxito. O céu permaneceu em silêncio e sem dar qualquer sinal. Nenhum carro celeste apareceu, não se ouviram nem sussurros nem trovejar longínquo. Nada, absolutamente nada, aconteceu.

Se dermos uma chance a essa hipótese, então a decepção dos sacerdotes e do povo deveria ter sido terrível: o trabalho de centenas de anos feito em vão. Dúvidas despertaram. Haveria um erro nos cálculos do calendário? Desceriam os "deuses" em outro local? Haveriam sido vítimas de um terrível engano?

É preciso ter em mente que a era mística dos maias, em que se iniciou o calendário, remonta ao ano 3111 antes de Cristo. Provas existem nos escritos dos maias. Se se aceitar essa data como comprovada, então havia um lapso de poucas centenas de anos apenas até o início da cultura egípcia. Essa idade lendária parece genuína, porque o calendário maia, tão preciso, o constata repetidas vezes. Se esse for o caso, então não só o calendário e não apenas a migração dos povos nos tornam céticos. Pois um achado, relativamente novo, levanta novas dúvidas.

Em 1935 foi encontrado em Palenque (Reino Antigo) um desenho sobre pedra que, muito provavelmente, retrata o deus Kukumatz (em Iucatã: Kukulkan). Não precisamos de imaginação exagerada para obrigar também o último cético a meditar, pois para isso basta simplesmente observar, sem preconceito, o desenho sobre pedra.

Ali está sentado um ser humano, o tórax inclinado para a frente, na posição de quem dirige um veículo de corrida; esse veículo, hoje em dia, qualquer criança identificará como foguete. Afinado na frente, o veículo apresenta no bojo sinuosidades singularmente caneladas, que se assemelham a orifícios de sucção, tornando-se em seguida mais largo e terminando com uma língua de fogo no casco.

O ser vivo, inclinado para a frente, opera com as mãos uma série de indefiníveis instrumentos de controle e coloca o calcanhar do pé esquerdo sobre uma espécie de pedal. Seu traje é adequado: calça curta xadrez de cinto largo, blusão de moderno decote japonês e punhos apertados em mãos e pés. Conhecendo outras representações correspondentes, seria de surpreender se faltasse o chapéu complicado! Aí está ele, com sinuosidades, tubos e, mais uma vez, com haste semelhante a antena. Nosso cosmonauta, representado com tanta nitidez, está em ação, não somente por sua posição – bem rente a seu rosto está pendurado um instrumento que ele observa fixa e atentamente. O assento anterior do astronauta é separado do recinto posterior do veículo, em que se veem caixas, círculos, pontos e espirais, tudo simetricamente disposto.

O que diz esse desenho? Nada? E tudo o que se relaciona com a cosmonáutica, novamente, apenas tola imaginação?

Se também o relevo de pedra de Palenque for recusado na cadeia dos indícios, então, evidentemente, será preciso duvidar da intenção de ser honesto no exame de extraordinários achados. Pois não se veem fantasmas quando se analisa algo concretamente existente.

Por que – continuemos na sequência de questões até aqui não respondidas – terão os maias construído as mais antigas de suas cidades no jângal? Por que não à margem de um rio, por que não na costa marítima? Tikal, por exemplo, situa-se, em linha reta, a 175 quilômetros do Golfo de Honduras, 260 quilômetros a noroeste da Baía de Campeche e 380 quilômetros ao norte do Oceano Pacífico. Os maias, inegavelmente, eram muito familiarizados com o mar, pois isso se depreende da abundância de objetos feitos de corais e conchas diversas. Por que, pois, a "fuga" para o jângal? Por que eram construídos reservatórios de água, uma vez que teria sido possível a colonização próxima à água? Só em Tikal há treze reservatórios de água, com capacidade de 154.310 metros cúbicos. Por que era preciso viver, construir, trabalhar justamente aqui e não num local situado mais "logicamente"?

Após sua grande marcha, os decepcionados maias fundaram ao norte um novo reino. E novamente surgiram, segundo datas pre-fixadas pelo calendário, cidades, templos e pirâmides. Para se ter uma ideia da exatidão do calendário maia, enumeramos aqui os pe-ríodos cronológicos que usavam:

20 kins	= 1 uinal ou 20 dias
18 uinals	= 1 tun ou 360 dias
20 tuns	= 1 katun ou 7.200 dias
20 katuns	= 1 baktun ou 144.000 dias
20 baktuns	= 1 pictun ou 2.880.000 dias
20 pictuns	= 1 calabtun ou 57.600.000 dias
20 calabtuns	= 1 kinchiltun ou 1.152.000.000 dias
20 kinchiltuns	= 1 atautun ou 23.040.000.000 dias

Mas não só as escadas de pedra, baseadas em datas do calen-dário, se elevam sobre o teto verde do jângal: foram também erigidos observatórios!

O observatório de Chichén é a primeira e mais antiga das construções arredondadas erguidas pelos maias. Até hoje ainda, o edifício restaurado dá a ideia de um observatório moderno. Em três terraços superpostos, eleva-se sobre o jângal o edifício circular; no interior, uma escada em caracol leva ao mirante superior; na cúpula, aberturas e orifícios são orientados para as estrelas, apresentando, portanto, à noite, um quadro impressionante do céu estrelado. As paredes externas ostentam máscaras do deus da chuva... e a representação de uma figura humana munida de asas.

Evidentemente, o interesse dos maias pela Astronomia não é motivação suficiente para nossa hipótese de uma correspondência com inteligências originárias de outro planeta. A abundância de perguntas até agora não respondidas é estonteante: de onde os maias conheciam Urano ou Netuno?... Por que as aberturas no observatório de Chichén não se orientam para as estrelas mais brilhantes do céu? Que significa o desenho em pedra do deus dirigindo um foguete, em Palenque?... Que finalidade tinha o calendário maia com seus cálculos para 400 milhões de anos?... De onde auferiram os conhecimentos para cálculos do ano solar e de Vênus, até quatro casas depois da vírgula?... Quem transmitiu os inconcebíveis conhecimentos astronômicos? É cada realização um produto ocasional do intelecto dos maias ou, atrás de cada uma delas e – muito mais ainda – atrás do conjunto de todas elas, quiçá se esconde uma mensagem revolucionária destinada a um futuro remotíssimo, considerado do ponto em que se situavam no tempo?

Coloquemos todos os fatos numa peneira e separemos o joio do trigo: ainda assim restam tantas inconsistências e tantos absurdos que a pesquisa deve receber mais fortes estímulos para novos e maiores esforços, no sentido de solucionar ao menos em parte a profusão dos enigmas. Pois, em nosso tempo, a pesquisa não mais deveria contentar-se com as assim chamadas "impossibilidades".

Temos a contar ainda uma história tétrica, a história do poço sagrado de Chichén Itzá. Herbert Thompson dragou do lodo fétido desse poço não somente joias e objetos de arte, mas também os esqueletos de rapazes e moças. Vasculhando antigos relatos, Diego de Landa afirmou que, em tempos de seca, os sacerdotes costumavam peregrinar até esse local, a fim de abrandar a ira do deus da chuva, jogando meninas e meninos no poço sagrado, durante solene cerimônia.

O que afirmava De Landa, Thompson o comprovou com seus achados. História horripilante, que levanta do fundo do poço novas perguntas à luz: como surgiu essa fonte de água?... Por que recebeu o nome de "poço sagrado"?... Por que justamente esse poço em particular, quando há muitos outros na região?

A 70 metros do observatório maia, existe, escondida no jângal, uma reprodução exata do poço sagrado de Chichén Itzá. Vigiado por serpentes, centopeias venenosas e insetos importunos, tem as mesmas medidas que o poço "genuíno", e suas paredes verticais estão identicamente afetadas pela ação do tempo e cobertas pela vegetação do jângal. Assemelham-se de modo surpreendente esses dois poços, até na altura do nível da água, que, em ambos, reflete a luz multicolorida, passando do verde, através do marrom, ao vermelho-sangue. Sem dúvida, os dois poços são da mesma idade e possivelmente ambos devam sua existência à queda de meteoritos. Os especialistas contemporâneos, entretanto, só mencionam o poço sagrado de Chichén Itzá; o segundo poço, tão semelhante, não se enquadra em suas teorias, embora os dois se encontrem à mesma distância de 900 metros da ponta da pirâmide maior, o Castillo. Essa pirâmide é dedicada ao deus Kukulkan, à "serpente voadora".

A serpente é símbolo presente em quase todas as construções maias. Isso é surpreendente, pois um povo rodeado de flora opulenta e luxuriante também deveria ter deixado motivos florais nos desenhos de pedra. Mas até hoje não se encontrou nenhum. A serpente repugnante, porém, se nos depara em todas as partes. A serpente, desde tempos imemoriais, se arrasta na poeira e no lodo. Por que foi concedida a ela a capacidade de voar? Imagem da quintessência do mal, a serpente é condenada a arrastar-se. Como se pode venerar como deus essa criatura repulsiva, e por que ainda por cima ela também sabe voar? Entre os maias ela o sabia.

O deus Kukulkan (= Kukumatz) provavelmente corresponde à figura do deus Quetzalcoatl, mais recente. O que conta a lenda maia sobre esse Quetzalcoatl?

Ele veio de uma terra estranha do sol nascente, em trajes alvos, e usava barba. Ensinou ao povo todas as ciências, todas as artes e costumes, e baixou leis muito sábias. Dizia-se que, sob sua orientação, as espigas de milho alcançavam o porte de um homem e que o algodão já se colhia colorido. Quando Quetzalcoatl deu por concluída sua missão, saiu a pregar sua doutrina, caminhando em direção ao mar. Na costa embarcou num navio, que o levou até a estrela-d'alva. Torna-se quase embaraçoso para nós mencionar ainda que também o barbudo Quetzalcoatl prometeu voltar.

Naturalmente não faltam interpretações que explicam o aparecimento do velho senhor inteligente. Atribui-se-lhe espécie de papel messiânico; evidentemente, um homem de barba, naquelas latitudes, não era nada corriqueiro. Existe até uma arrojada versão que vê no velho Quetzalcoatl um discípulo de Jesus! A nós, isso não pode convencer. Quem quer que alcançasse os maias vindo do mundo antigo conhecia a roda, que transporta homens e coisas.

Não seria mais indicado para um sábio, um deus como Quetzalcoatl, que apareceu como missionário, legislador, médico e conselheiro em muitos assuntos da vida, instruir os pobres maias antes de tudo quanto ao uso da roda e do carro? De fato, os maias nunca usaram um carro, não faziam uso de rodas.

Completemos a confusão dos espíritos com novo compêndio de singularidades dos obscuros tempos de antanho.

À altura de Antikythera, mergulhadores gregos à cata de esponjas encontraram, no ano 1900, os destroços de um navio antigo, carregado de estátuas de mármore e bronze. Os tesouros artísticos foram guardados, e investigações posteriores constataram que o navio deveria ter naufragado mais ou menos na época de Cristo. Entre todos aqueles objetos velhos, foi encontrada, por ocasião da classificação, certa massa informe, que provou ser mais importante do que todas as estátuas juntas. Depois de cuidadosa limpeza, viu-se inicialmente uma placa de bronze, com círculos, inscrições e engrenagens, e logo se percebeu que as inscrições deveriam ser relacionadas à Astronomia. Prosseguindo no tratamento do achado, logo que as muitas peças isoladas haviam sido limpas, revelou-se uma espécie de máquina de construção estranha, com mostradores movíveis, escalas complicadas e chapas de metal contendo inscrições. A máquina reconstruída dispõe de mais de vinte rodinhas, um diferencial e uma coroa. De um lado há um eixo que, quando gira, põe em movimento os ponteiros de todas as escalas a velocidades diferenciadas. Os ponteiros estão protegidos por tampos móveis, de bronze, sobre os quais se podem ler longas inscrições. Em face dessa "máquina de Antikythera", subsistirá ainda qualquer vislumbre de dúvida de que na Antiguidade trabalhavam mecânicos de precisão de primeira classe? Além disso, a máquina é tão complicada que, provavelmente, não era o primeiro modelo da espécie. O professor americano Solla Price interpretou o aparelho como uma espécie de computador, com o qual poderiam ser calculados os movimentos da Lua, do Sol e, provavelmente, também dos planetas.

Não é tão importante que a máquina acuse o ano de sua fabricação como 82 antes de Cristo. Mais interessante seria descobrir quem construiu o primeiro modelo dessa máquina, desse planetário de bolso!

O imperador Frederico II, de Hohenstaufen, segundo consta, trouxe do Oriente, no ano 1229, por ocasião da quinta cruzada, uma tenda muitíssimo estranha; no interior dela havia um mecanismo de relógio e, no teto em cúpula, podia-se ver a marcha das constelações!

Outro planetário da Antiguidade... Aceitamos sua existência na época, porque sabemos que já existia o necessário conhecimento mecânico. O que nos irrita é a ideia de um planetário, porque na época de Cristo ainda não existia a concepção de um céu de estrelas fixas, em movimento aparente, como consequência da rotação da Terra. Mesmo os tão instruídos astrônomos chineses e árabes da Antiguidade não nos auxiliam nesse fato inexplicável. Somente Galileu Galilei, inegavelmente, mas este só nasceu 1500 anos mais tarde... Quem for a Atenas não deve deixar de ver a "máquina de Antikythera", que está no Museu de Arqueologia. Sobre o planetário da tenda de Frederico II apenas há relatos escritos.

Mesmo obscura, a Antiguidade nos legou coisas curiosíssimas:

A 3.800 metros acima do nível do mar foram encontrados, nas rochas do planalto desértico de Marcahuasi, esquemas de animais, como camelos e leões, que há 10 mil anos não existiam na América do Sul, como não existem até hoje.

Engenheiros acharam no Turquestão formações semicirculares de uma espécie de vidro ou cerâmica, cuja origem e significado os arqueólogos desconhecem.

No Vale da Morte, no deserto de Nevada, existem ruínas de uma cidade antiga que deve ter sido aniquilada por uma grande catástrofe. Ainda hoje há vestígios de rochas e areias fundidas. O calor de uma erupção vulcânica não teria sido suficiente para fundir rochedos. Além disso, o calor, nesse caso, teria queimado primeiro as construções. Atualmente somente raios laser produzem temperatura assim elevada. Singularmente, nessa região não cresce um fio de grama sequer.

Hadjar-el-Guble, a Pedra do Sul, no Líbano, pesa 2 mil toneladas. É uma pedra lavrada, mas mãos humanas não a poderiam ter movido.

Em paredes rochosas das mais inacessíveis, na Austrália, no Peru e na Itália setentrional, existem marcações feitas artificialmente e ainda não interpretadas.

Textos sobre placas de ouro encontradas em Ur, na Caldeia, relatam sobre "deuses" semelhantes aos humanos, que vieram do céu e deram de presente aos sacerdotes as ditas placas de ouro.

Em países como Austrália, França, Índia, Líbano, África do Sul e Chile existem singulares "pedras" negras, ricas em alumínio e berilo. Pesquisas revelaram que essas pedras, em épocas das mais remotas, deveriam ter sido expostas a forte bombardeio radioativo e elevadas temperaturas. Placas sumérias com escritos cuneiformes apresentam estrelas fixas rodeadas de planetas.

Na Rússia encontrou-se a representação, em relevo, de um avião constituído de dez globos enfileirados sobre uma moldura retangular, sustentada de ambos os lados por grossas colunas. Em cima das colunas há outras esferas. Dentre achados russos há a estatueta de bronze de um ser humanoide, em uma roupa pesada, hermeticamente ligada a um capacete. Sapatos e luvas estão do mesmo jeito ajustados ao traje.

Numa placa babilônica que se encontra no Museu Britânico em Londres, o visitante pode tomar conhecimento dos eclipses lunares do passado e do futuro.

Em Cunming, capital da província chinesa de Yunnan, foram descobertas gravações em relevo de "máquinas" cilíndricas semelhantes a foguetes que, em sua representação figurada, sobem em direção ao céu. Essas gravações foram encontradas sobre pirâmides que, durante um abalo sísmico, repentinamente emergiram do fundo do lago de Cunming.

Como querem explicar esses e muitos outros enigmas? Tentam evitar o problema tachando de falsas, errôneas, sem sentido e irrelevantes todas as tradições antigas. É igualmente absurdo que se acusem todas as tradições de inexatas e ao mesmo tempo sejam usadas, tão logo seus conteúdos combinem com os propósitos almejados. Parece-nos covardia fechar olhos e ouvidos diante de fatos ou hipóteses só porque novas conclusões poderiam afastar a humanidade de sua mentalidade tradicional.

Revelações ocorrem, dia por dia e hora por hora, em todo o mundo. Nossos meios modernos de intercâmbio e comunicação anunciam descobertas à volta de todo o globo. Os cientistas de todas as especialidades deveriam dedicar à investigação dessas revelações do passado o mesmo entusiasmo com que se entregam a pesquisas da atualidade. A primeira fase da aventura de descoberta de nosso passado já terminou. Inicia-se agora a segunda aventura fascinante da História da Humanidade com o avanço do homem para o Cosmo.

10 A experiência espacial terrestre

Tem sentido a cosmonáutica?

Quem aproveita os bilhões investidos?

Guerra ou cosmonáutica?

O que há com os muitos caluniados discos voadores?

Há 60 anos já houve uma explosão nuclear

Será a lua de Marte um satélite artificial?

Ainda não cessou a discussão sobre a cosmonáutica fazer ou não sentido. A intenção é provar muita ou total destituição de sentido na pesquisa do espaço sideral, com a constatação banal de que não se deve investir pelo Cosmo afora enquanto na Terra ainda houver tantos problemas sem solução.

Esforçando-nos por evitar argumentação científica incompreensível ao leigo, serão indicadas aqui apenas algumas das razões mais óbvias e válidas a favor da necessidade absoluta da pesquisa cósmica.

Desde tempos imemoriais a curiosidade e a sede do saber sempre constituíram forças capazes de estimular o homem a viver em permanente pesquisa. As duas perguntas: "POR QUE ocorre algo?" e

"COMO ocorre?" em todos os tempos foram propulsoras da evolução e do progresso. À inquietação permanente por elas criada devemos nosso padrão de vida atual. Os confortáveis meios modernos de transporte livraram-nos das dificuldades e dos sacrifícios de viagens a que nossos avós ainda estavam sujeitos; o peso do trabalho físico foi sensivelmente aliviado por máquinas. Novas fontes de energia, preparados químicos, refrigeradores, múltiplas máquinas domésticas etc. etc. acabaram por libertar-nos completamente de atividades outrora realizáveis apenas por mãos humanas. O que a ciência criou não resultou em maldição, e sim, muito pelo contrário, em bênção para a humanidade. Até sua filha mais aterradora, a bomba atômica, reverterá em benefício à humanidade.

Hoje, a ciência atinge muitos de seus alvos com botas de sete léguas. Para o desenvolvimento da fotografia, até que se obtivessem imagens absolutamente nítidas, foram precisos 112 anos. O telefone já em 56 anos estava inteiramente aperfeiçoado e automatizado. No desenvolvimento do rádio, até a recepção perfeita das emissões, nem 35 anos de pesquisa científica foram necessários. Para o aperfeiçoamento do radar, porém, bastaram 15 anos! As etapas das invenções e seus aperfeiçoamentos tornam-se cada vez mais breves: a televisão em preto e branco surgiu após 12 anos de pesquisa e a construção da primeira bomba atômica demandou 6 anos completos! Esses são uns poucos exemplos de progresso técnico no último meio século – progresso magnífico, mas também um tanto assustador. O desenvolvimento atingirá novos alvos de maneira cada vez mais rápida. Os próximos 100 anos realizarão uma parte de leão dos sonhos eternos da humanidade.

Contra advertências e resistências, o espírito humano trilhou sua senda. Contra velhíssimas afirmações dogmáticas – como: a água é o espaço vital do peixe, o ar é o elemento dos pássaros –, o homem conquistou os espaços que, aparentemente, não lhe eram destinados. O homem voa, contra todas as chamadas leis da natureza, e, em submarinos atômicos, vive meses a fio debaixo d'água. Com sua inteligência criou para si asas e guelras, que o Criador não lhe dera.

Quando Charles Lindbergh decolou para seu voo lendário, seu alvo foi Paris; não que lhe importasse chegar a Paris; ele queria provar que o homem, sozinho e sem sofrer dano, podia atravessar o Atlântico em voo. O primeiro alvo da cosmonáutica é a Lua. O que essa nova ideia técnico-científica, porém, quer provar é que o homem pode dominar também o espaço cósmico!

Por que, pois, astronáutica?

Dentro de poucos centenários apenas, nosso globo estará superpopuloso, irremediavelmente e sem esperança. Já para o ano 2050, as estatísticas contam com um número demográfico de 8,7 bilhões! Mais 200 anos, e já serão 50 bilhões; consequentemente, pois, 335 seres humanos deverão viver sobre um quilômetro quadrado. Inimaginável! Certas teorias, semelhantes a pílulas sedativas, que falam em alimentação extraída do mar ou até em habitações no fundo do oceano, mais cedo do que gostariam os mais audaciosos otimistas provarão ser ilusória a mobilização de meios inoperantes contra os efeitos da explosão demográfica. Na ilha indonésia Lombok, morreram de fome, nos primeiros seis meses de 1966, mais de 10 mil pessoas que, em seu desespero, haviam tentado sobreviver alimentando-se de moluscos e vegetais. U Thant, secretário-geral da ONU, estima o número de crianças ameaçadas pela fome na Índia em 20 milhões, estimativa que apoia a afirmação do prof. Mohler, em Zurique, de que a fome começa a exercer domínio universal.

Está comprovado que a produção dos meios de alimentação no mundo não acompanha o passo do crescimento da população, apesar dos mais modernos recursos técnicos e a despeito de importantes fertilizantes químicos. A época atual deve à Química os preparados para o controle da natalidade. Mas para que servem, se as mulheres não os usam nos países subdesenvolvidos? Pois somente se se lograsse baixar nos próximos dez anos, isto é, até 1980, o surto de natalidade até a metade, a produção de meios alimentícios poderia ocorrer paralelamente ao aumento da população. Infelizmente, não podemos acreditar nesse caminho racional, porque é difícil demolir a muralha dos preconceitos, dos motivos supostamente éticos e das leis religiosas, enquanto aumenta a desgraça da superpopulação. Será mais humano, ou prescrito por Deus, que ano por ano morram de fome milhões de seres humanos do que impedir essas pobres criaturas de nascer?

Mas, ainda que o controle da natalidade em algum dia remoto, sob compulsão do destino, se torne vencedor, ainda que os campos de cultura sejam ampliados, e sejam multiplicados os rendimentos mediante assistência hoje ignorada, ainda que a pesca se multiplique e campos de algas no fundo do mar aumentem a alimentação, mesmo que tudo isso e muito mais se concretize, tudo é um retardamento apenas, um adiantamento de talvez 100 anos. O homem precisa de novo espaço vital.

Estamos convencidos de que os homens em algum dia remoto colonizarão Marte e vencerão suas condições climáticas da mesma maneira que o fariam os esquimós se fossem transportados para o Egito. Planetas, alcançados por gigantescas naves cósmicas, serão povoados por nossos netos; colonizarão novos mundos como em um passado bem recente ocorreu na América e Austrália. Por isso devemos nos dedicar à pesquisa do espaço cósmico! Devemos legar a nossos netos uma oportunidade de sobrevivência! Cada geração que não cumprir essa tarefa apressará a entrega da humanidade inteira à morte pela fome.

Não mais se trata de pesquisa abstrata, que só interessa ao cientista. E, a quem não se sentir tomado pela obrigação para com a posteridade, seja dito que os resultados da pesquisa cósmica já nos resguardaram da Terceira Guerra Mundial! Não foi a ameaça do aniquilamento total que retirou das grandes potências a possibilidade de decidirem opiniões, exigências e conflitos, mediante uma nova guerra? Não é mais preciso que um russo pise solo americano para transformar o país em deserto, e mais nenhum americano precisa perecer na Rússia, uma vez que, após o impacto de muitas bombas atômicas, a Terra, de qualquer maneira, se tornaria inabitável e estéril devido à radioatividade. Pode parecer absurdo, mas só o foguete intercontinental assegurou-nos paz relativa.

De vez em quando até se exterioriza a opinião de que os bilhões investidos na pesquisa cósmica teriam melhor destino se fossem aplicados na assistência ao desenvolvimento. Essa opinião é errada; pois as nações industriais prestam assistência ao desenvolvimento não só por motivos caritativos ou políticos; oferecem-na, compreensivelmente, também para abrir mercados às suas indústrias. O auxílio que os Estados subdesenvolvidos exigem é – visto a longo prazo – irrelevante.

Em 1966 vivia na Índia perto de 1,6 bilhão de ratos. Cada rato come cerca de 5 quilogramas de mantimento por ano; o Estado, porém, não pode ousar destruir essa peste: o hindu devoto protege os ratos. Na mesma Índia circulam mais 80 milhões de vacas, que não devem ser ordenhadas nem atreladas como animais de tração, muito menos ser abatidas para servir de alimento: são animais sagrados. Em um país cujo desenvolvimento é inibido por tantos tabus e tantas leis religiosas, várias gerações ainda terão de abolir costumes, ritos e superstições prejudiciais à vida antes que se inicie verdadeiro progresso. Também aqui, os meios de comunicação da idade da cosmonáutica servem à informação e ao desenvolvimento: jornais, rádio, televisão. O mundo encolheu. Já se sabe e mais se fica sabendo uns dos outros. Mas, para chegar à definitiva compreensão de que fronteiras nacionais são relíquias de uma época superada, carecemos da cosmonáutica. A técnica por ela incrementada difundirá a compreensão de que a pequenez de povos e continentes na imensidão do Universo só pode ser estímulo e impulso para o trabalho em comum na pesquisa do espaço cósmico. Em todas as épocas, a humanidade sempre precisou de um lema inspirador que, ultrapassando os problemas do cotidiano, fizesse o aparentemente inatingível ser alcançado.

Um fator realmente considerável que, na era da tecnologia, fornece um argumento de peso à pesquisa do espaço cósmico é a formação de novos ramos no campo da indústria, onde centenas de milhares de criaturas humanas que, pela racionalização do trabalho, perderam seu emprego encontram seu meio de subsistência. A "indústria do espaço cósmico", nos Estados Unidos, já superou a importância decisiva da indústria automobilística e da do aço como árbitros de mercado. Mais de 4 mil artigos novos devem sua existência à pesquisa cósmica; são, virtualmente, produtos residuais da pesquisa para um escopo superior. Esses subprodutos, sem que o consumidor se preocupe com a respectiva origem, ingressaram como que naturalmente na vida cotidiana. Computadores eletrônicos, minitransmissores e minirreceptores, transistores para aparelhos de rádio e televisores foram inventados na periferia da linha de pesquisas, do mesmo modo que as frigideiras em que os alimentos não queimam nem grudam, mesmo não usando óleo.

Instrumentos de precisão em todos os aviões, instalações de controle terrestre integralmente automatizadas e pilotos automáticos, assim como, principalmente, os computadores rapidamente desenvolvidos, são partes da pesquisa espacial combatida por tanta gente, partes de um programa de desenvolvimento que exerce influência até na vida particular de cada indivíduo. As coisas de cuja existência o leigo nem suspeita são inúmeras: novos processos de solda e lubrificação em alto vácuo, células fotoelétricas e novas fontes minúsculas de energia, que atuam a distâncias incomensuráveis.

Da torrente de dinheiro proveniente de impostos que alimenta a pesquisa do espaço cósmico, refluem, em caudais, para o bolso do contribuinte, as rendas dos grandes investimentos. Nações que de forma alguma participarem da pesquisa do espaço cósmico serão esmagadas pela avassalante revolução técnica. Nomes e conceitos tais como *Telstar, Echo, Relax, Trios, Mariner, Ranger, Syncom* são marcos na estrada da pesquisa que não pode ser contida.

Como as reservas de energia da Terra não são inesgotáveis, o programa de navegação cósmica algum dia também assumirá importância vital, porque teremos de buscar material nuclear de Marte, ou de Vênus, ou de outro planeta para poder iluminar nossas cidades e aquecer nossas casas. Como as usinas atômicas já fornecem atualmente a mais barata de todas as energias, a produção industrial em massa dependerá especialmente dessas usinas quando a Terra não mais fornecer material nuclear. Novos resultados de pesquisa chovem diariamente sobre nós. A tranquila transmissão do saber adquirido de pai para filho está irremediavelmente superada. Para consertar qualquer transmissor de rádio que funcione mediante simples aperto de botão, um especialista deve conhecer a técnica dos transistores e os complicados esquemas que, às vezes, se encontram impressos em lâminas de plástico. Não demorará muito e ele terá de ocupar-se também com os novos e minúsculos componentes da microeletrônica. O que hoje se ensina ao aprendiz deverá ser continuamente atualizado ao longo de sua carreira profissional. E, se no tempo de nossos avós o mestre possuía saber suficiente para a vida inteira, o mestre do presente ou do futuro constantemente é e será obrigado a acrescentar novos conhecimentos aos antigos. O que valia ontem amanhã estará superado.

Se bem que só daqui a milhões de anos nosso Sol se apagará, há necessidade de invocar o momento terrível em que um estadista perca o controle dos nervos e ponha em funcionamento um aparelhamento atômico aniquilador, capaz de causar tremenda catástrofe. Um fenômeno cósmico qualquer, não definível e não previsível, pode induzir a destruição da Terra. Nunca, porém, o homem conformou-se com a ideia de tal possibilidade e, talvez por isso, devotamente procurou em uma das muitas religiões a esperança de uma continuação da vida do espírito e da alma.

Em consequência, admitimos como certo que a pesquisa do espaço cósmico não seja produto de sua livre decisão, mas que ele obedeça a uma forte compulsão íntima, ao investigar as perspectivas de seu futuro no Universo. Como nós proclamamos a hipótese de que nas trevas da Antiguidade havíamos recebido visita do Cosmo, também admitimos que não representamos a única inteligência no Universo, antes suspeitamos que existem no Cosmo inteligências mais antigas, mais evoluídas. Se agora ainda afirmamos que todas as inteligências devem dedicar-se, por sua espontânea vontade, à pesquisa cósmica, transportamo-nos, por um momento, de fato, ao reino da utopia, sabendo que estamos mexendo em ninho de marimbondos!

Há bem vinte anos, os chamados "discos voadores" têm dado o que falar. Na literatura especializada são designados como UFOs, denominação que se originou da expressão americana *unidentified flying objects* (objetos voadores não identificados). Antes, porém, de entrar no excitante assunto dos misteriosos UFOs, devo mencionar um argumento importante que se usa quando está em debate a justificação das incursões espaciais.

Diz-se que a pesquisa no campo da astronáutica não é financeiramente rendosa; que nenhum país, por mais rico que seja, pode mobilizar os imensos recursos necessários, sem perigo de bancarrota nacional. A pesquisa em si, aliás, nunca deu rendimento; somente o produto da pesquisa é que compensa os investimentos. Da pesquisa sobre astronáutica não é razoável esperar, já na fase atual, rendimento e amortização. Não existe balanço sobre os rendimentos resultantes dos 4 mil "subprodutos" de pesquisa do espaço cósmico. Para nós, está fora de dúvida que ela dará rendimento como raras vezes deu algum produto de pesquisa. Quando ela tiver alcançado seu escopo, não só teremos rentabilidade; no sentido literal das palavras, ela trará para a humanidade a salvação do aniquilamento. É lícito mencionar que toda uma série de satélites Comsat já é economicamente interessante.

Em novembro de 1967, reportou a *Stern*[4] que:

"A maioria das máquinas médicas que salvam vidas provêm da América. São o resultado de um aproveitamento sistemático dos êxitos da pesquisa do átomo, da cosmonáutica e da técnica militar. Constituem o produto de um novo tipo de colaboração entre gigantes industriais e hospitais na América, que está levando a Medicina, quase diariamente, a novos triunfos.

Assim, a Lockheed, produtora dos aviões Starfighter, e a famosa Clínica Mayo se associaram para desenvolver um novo sistema de enfermagem, com base na técnica dos computadores. Os projetistas da Companhia North American Aviation, orientados por ideias médicas, estão tentando desenvolver um 'cinto de enfisema', que deverá facilitar a respiração a pacientes com perturbações pulmonares. As autoridades espaciais da Nasa sugeriram a ideia de construir um instrumento para diagnóstico. O aparelho, originalmente idealizado para medir a incidência de microaerólitos sobre naves cósmicas, registra até os mais discretos espasmos musculares em determinadas moléstias nervosas.

Outro produto residual, salvador de vidas, proporcionado pela técnica americana de computadores, foi o regulador do ritmo cardíaco. Mais de 2 mil alemães vivem hoje com tal instrumento dentro do tórax. É um microgerador, instalado sob a pele. Partindo dele, os médicos introduzem um fio metálico de ligação através da veia cava até a aurícula direita. Mediante choques elétricos regulares, o coração é estimulado a manter uma pulsação rítmica. Ele bate. Quando o acumulador do regulador de batimentos cardíacos estiver esgotado, uns três anos depois, pode ser trocado mediante uma operação relativamente simples. No ano passado, a General Electric aperfeiçoou essa pequena maravilha da técnica médica desenvolvendo um modelo de duas marchas. Se o portador daquele regulador deseja jogar tênis ou alcançar um trem, correndo, só é preciso

---

4 Revista alemã de ampla divulgação internacional. (N. da E.)

que passe brevemente uma varetinha magnética sobre o local em que se encontra embutido seu gerador. Imediatamente, o coração passa a trabalhar em ritmo acelerado".

Até aí, a reportagem da *Stern*. São dois exemplos de resultados laterais da pesquisa do espaço cósmico. Quem ainda tem coragem de dizer que ela é inútil?

Sob o título "Estímulo pelo foguete lunar", no *Zeit*, edição n.º 47, de novembro de 1967, relata:

"As construções das naves côsmicas desenvolvidas para pousos suaves na Lua também estão despertando o interesse simultâneo de construtores de automóveis, pois os conhecimentos sobre o comportamento de tais construções, sob condições que induzem sua destruição, podem ser consideravelmente ampliados. Apesar de não ser possivel tornar os automóveis absolutamente seguros para os passageiros em todas as modalidades de colisões e choques, as técnicas de construção usadas com o melhor dos sucessos na cosmonáutica podem contribuir para reduzir os riscos em tais desastres. Elevada rigidez aliada a peso reduzido é garantida por meio da construção em colmeia, cada vez mais aplicada nos aviões modernos. Entrementes, também se testa o sistema, praticamente, na construção de automóveis. O piso de um veículo experimental da Rover, movido por turbina a gás, foi fabricado com essa técnica de colmeia".

A enunciados como "Nunca será possível viajar de estrela a estrela", aquele que conhece a fase atual e o desenvolvimento impetuoso da pesquisa nem dá mais importância. A geração jovem de nossa época ainda verá essas "impossibilidades" tornarem-se realidade! Serão construídas naves espaciais com motores de propulsão inimaginavelmente poderosos. Em 1967, os russos já lograram efetuar o acoplamento, na estratosfera, de dois veículos cósmicos não tripulados!

Uma parte da pesquisa já trabalha em uma espécie de viseira de proteção – semelhante a um arco elétrico – articulada à frente da cápsula propriamente dita, que se destina a impedir ou desviar a incidência de partículas. Um grupo de físicos eminentes deseja provar a existência dos chamados "táquions". Trata-se, por enquanto, de partículas ainda hipotéticas que voariam com velocidade superior à da luz e cujo limite inferior de velocidade seria o da luz. Sabe-se que os táquions devem existir; falta "apenas" trazer a lume a prova física de sua existência. Entretanto, tais provas já foram fornecidas para a existência do neutrino e da antimatéria. Finalmente, aos mais teimosos críticos no grupo dos adversários da cosmonáutica, seria interessante perguntar: acreditam os senhores, realmente, que alguns milhares de homens, talvez os mais inteligentes de nossa época, dedicariam seu trabalho apaixonado a uma pura utopia ou um alvo irrelevante?

Ocupemo-nos, pois, corajosamente, dos UFOs, ainda que correndo o risco de não ser levados a sério. Se não formos levados a sério, ficaremos incluídos – e esse é um bom consolo – no círculo de gente altamente respeitável e famosa.

UFOs foram avistados na América, bem como sobre as Filipinas, sobre a Alemanha Ocidental, assim como sobre o México. Concedamos que 98% das pessoas que pensavam ter visto UFOs tenham, na realidade, percebido raios de trajetória de projéteis, balões meteorológicos, singulares formações de nuvens, novos tipos ignorados de aviões ou também curiosos jogos de luzes e sombras no céu crepuscular. Indubitavelmente, também grande multidão de pessoas foi assaltada por uma histeria das massas: afirmavam ter visto o que não existia. E, naturalmente, também havia aqueles presunçosos, com vontade de extorquir dinheiro de uma suposta observação, que, na época das vacas magras, desejavam fornecer manchetes à imprensa. Deduzindo todos os sonhadores, mentirosos, histéricos e sensacionalistas, resta, ainda assim, um grupo considerável de observadores sóbrios e até tecnicamente familiarizados com o assunto. Pode uma simples dona de casa enganar-se, bem como um fazendeiro rude do sertão. Se, porém, por exemplo, uma observação de UFOs é relatada por um experimentado comandante-aviador, é difícil recusá-la como asneira. Pois um comandante-aviador é familiarizado com miragens, com descargas esféricas do raio, com balões meteorológicos etc.; é examinado, a intervalos regulares, quanto à capacidade de reação de todos os seus sentidos, portanto também da condição excelente de seus olhos; não pode tomar álcool algumas horas antes nem durante o voo; um veterano comandante de aviões não tem interesse em contar lorotas, porque assim seria fácil demais perder seu emprego, que é bom e bem pago. Se, no entanto, não só um comandante, mas todo um grupo de pilotos de aviões (entre os quais militares), relatar o mesmo fato, então parece que é preciso escutar.

Nós também não sabemos o que são UFOs; não afirmamos que se trate comprovadamente de objetos voadores de inteligências alienígenas, se bem que pouca coisa se pudesse objetar a essa suspeita. Infelizmente, em minhas extensas viagens ao redor do globo, nunca pude observar um UFO pessoalmente. Podemos, entretanto, reproduzir aqui alguns relatos dignos de crédito e de confiança:

Em 5 de fevereiro de 1965, o Ministério da Defesa norte-americana tornou público que a divisão especializada em UFOs estava encarregada de examinar relatórios de dois operadores de radar. Os dois homens haviam detectado, em 29 de janeiro de 1965, na tela de radar no Campo de Aviação da Marinha, em Maryland, dois objetos voadores desconhecidos, que se aproximavam do campo, vindos do sul, com a espantosa velocidade de 7.680 quilômetros horários. Cinquenta quilômetros acima do campo de aviação, os objetos descreveram uma curva fechada e desapareceram rapidamente do alcance do radar.

Em 3 de maio de 1964, várias pessoas, entre as quais três meteorologistas, em Canberra (Austrália), observaram um grande objeto voador intensamente radiante, que passava em trajetória nordeste sobre o céu matutino. Interpeladas por delegados da Nasa, as testemunhas oculares contavam como "a coisa" havia singularmente vacilado e como um objeto menor se havia atirado ao encontro do grande. O objeto pequeno ter-se-ia tornado vermelho incandescente e depois apagado, ao passo que a "coisa" grande teria prosseguido diretamente em direção nordeste até desaparecer de vista. Um dos meteorologistas confessou, resignadamente: "Sempre ridicularizei essas informações sobre discos voadores. O que deverei dizer agora, depois de ter eu mesmo visto tal coisa?".

Em 23 de novembro de 1953, detectou-se na tela de radar da Base Aérea de Kinross, em Michigan, um objeto voador desconhecido. O tenente-aviador R. Wilson, que se encontrava em voo de exercício em um avião a jato F-86, recebeu permissão para perseguir "a coisa". A equipe do radar observou como Wilson caçou o objeto desconhecido por 160 milhas. De repente, na tela do radar, os dois corpos voadores fundiram-se num só. Chamadas de rádio ao tenente Wilson ficaram sem resposta. O espaço, que se tornou palco do fenômeno inexplicável, foi "penteado" nos dias seguintes por tropas de reconhecimento, a fim de se descobrirem destroços; o Lago Superior, situado nas proximidades, foi examinado para verificar se havia vestígios de óleo. Nada foi encontrado. Nenhum vestígio do tenente Wilson e de seu aparelho!

Em 13 de setembro de 1965, o sargento da polícia Eugene Bertrand encontrou numa estrada perimetral da cidade de Exeter (New Hampshire, Estados Unidos), pouco antes de uma hora da madrugada, uma senhora sentada ao volante de seu carro, que se mostrava grandemente perturbada. Recusou-se a continuar viagem e afirmou que um enorme e brilhante corpo voador vermelho a teria perseguido por mais de 10 milhas, até o desvio 101, tendo, então, desaparecido.

O policial, homem maduro e sensato, julgou que a senhora não estivesse regulando muito bem, quando ouviu pelo rádio de seu carro a mesma comunicação de outra patrulha. Do quartel-general, seu colega Gene Toland lhe ordenou que voltasse imediatamente à

Central. Lá, um rapaz contou-lhe a mesma história que a senhora lhe havia relatado, acrescentando que se refugiara numa sarjeta, ante uma coisa de incandescência vermelha.

Só a contragosto os homens empreenderam uma excursão de reconhecimento, firmemente convencidos de que toda aquela bobagem acharia uma explicação razoável. Após duas horas de busca infrutífera pelos arredores, puseram-se a caminho de volta. Passaram num pasto, onde havia seis cavalos, que, de repente, debandaram em louca disparada. Quase simultaneamente, a paisagem foi banhada de luz vermelha incandescente. "Lá! Olhe lá!", exclamou um jovem policial. Sobre as árvores, de fato, flutuava um brilhante objeto vermelho, que se movia lenta e silenciosamente ao encontro dos observadores. Por telefone, Bertrand comunicou, exaltado, a seu colega Toland que justamente naquele momento ele via com os próprios olhos aquela coisa danada. Agora, também o sítio à beira da estrada e as colinas adjacentes estavam banhados de luz vermelha intensamente radiante. Um segundo carro policial, com o sargento Dave Hunt, brecou guinchando ao lado dos homens.

"Com os diabos!", gaguejou Dave. "Ouvi você e Toland gritando pelo rádio. Pensei que tivessem enlouquecido... Mas olhem para aquilo!..."

Durante a investigação da ocorrência misteriosa a que se procedeu mais tarde, compareceram 58 testemunhas oculares qualificadas. Entre elas havia meteorologistas e membros da guarda costeira, homens que, como frios observadores, não podem ser tidos como incapazes de distinguir um balão meteorológico de um helicóptero, ou um satélite cadente das luzes de posição de um avião. O relatório conteve indicações objetivas, sem dar uma explicação para o objeto voador desconhecido.

Em 5 de maio de 1967, o prefeito de Marliens, Costa do Ouro, Monsieur Malliotte, descobriu, em um campo de trevo situado a 623 metros da rua, um buraco esquisito. Ali havia vestígios de um círculo de 5 metros de diâmetro e 30 centímetros de profundidade; partindo desse círculo, sulcos de 10 centímetros de profundidade dirigiam-se para todos os sentidos; dava a impressão de que uma pesada grade de metal se tivesse imprimido no solo. Na extremidade dos sulcos encontraram-se orifícios de 35 centímetros de profundidade, talvez impressos no solo por "pés" na extremidade da rede metálica. De singularidade especial era a fina poeira lilás esbranquiçada, depositada nos sulcos e buracos.

Nós mesmos examinamos esse local perto de Marliens: fantasmas não poderiam ter deixado aqueles vestígios!

O que se deve pensar desses relatos? É entristecedor o que muitas pessoas – e, às vezes, até sociedades secretas inteiras – fazem de suas pretensas observações. Obscurecem apenas a visão da realidade. E inibem cientistas sérios de se ocuparem com fenômenos comprovados, por temerem expor-se ao perigo do ridículo.

Em uma irradiação da Segunda Televisão Alemã, em 6 de novembro de 1967, sobre o tema "Invasão originada do Cosmo?", um capitão-aviador da Lufthansa relatou um fenômeno do qual ele mesmo e quatro homens da tripulação foram testemunhas oculares: em 15 de fevereiro de 1967, cerca de 10 a 15 minutos antes da aterrissagem em São Francisco, viram, a pouca distância de seu avião, um objeto voador de cerca de 10 metros de diâmetro, intensamente luminoso, que, durante certo tempo, voou ao lado deles. Transmitiram suas observações à Universidade de Colorado, que, na falta de explicação melhor, presumiu que o objeto voador era uma parte de foguete anteriormente lançado. O capitão-aviador declarou que, após 2 milhões de quilômetros de experiências de voo, nem ele nem seus colegas poderiam acreditar que um pedaço de metal cadente pudesse manter-se no ar durante 1/4 de hora, ter tais dimensões e acompanhá-los em seu voo. Acreditava tanto menos nessa explicação, uma vez que, desde a terra, esse corpo voador não identificado pôde ser observado por quase 3/4 de hora. O capitão-aviador alemão realmente não dá a impressão de ser fantasista!

Dois comunicados do *Süddeutsche Zeitung*, Munique, de 21 e 23 de novembro de 1965:

> "Belgrado (de nosso correspondente)
>
> Objetos voadores desconhecidos (UFOs) têm sido avistados, há alguns dias, sobre diversas regiões do sudeste europeu. No fim da semana, um astrônomo amador em Agram fotografou três desses objetos celestes luminosos. Enquanto, porém, os peritos ainda davam seus pareceres sobre aquela fotografia, reproduzida nas colunas de vários jornais iugoslavos, novos UFOs foram vistos na região montanhosa do Montenegro, os quais, em vários pontos, teriam provocado incêndios florestais. Esses relatos provêm, principalmente, da localidade Ivangrad, cujos habitantes afirmam, convicta e insistentemente, que observaram, nos últimos dias, em todas as tardes, corpos celestes singulares e intensamente iluminados. As autoridades, embora confirmem que na região ocorreram diversos incêndios florestais, não foram capazes, até agora, de indicar uma causa para isso".

> "Sófia (UPI).
>
> Sobre a capital de Sófia surgiu um UFO. Conforme comunica a Agência Noticiosa búlgara BTA, o UFO pôde ser avistado mesmo a olho nu. Segundo a BTA, o corpo voador era maior do que o disco solar, assumindo mais tarde a forma de um trapézio. Consta haver ele irradiado luz forte. Esse corpo voador também foi observado por um telescópio em Sófia. Um colaborador científico do Instituto Búlgaro para Hidrologia e Meteorologia disse que o corpo voador provavelmente se movia por energia própria. Suspeita-se haver voado a 30 quilômetros sobre a Terra."

Há gente que dificulta as pesquisas com uma estupidez sem limites: ora são "contatos", que afirmam estar em ligação com seres extraterrenos; ora são grupos que desenvolvem, com base nos fenômenos até agora não esclarecidos, fantásticas ideias religiosas ou concepções de vida absurdas, ou então afirmam, até, que receberam das tripulações dos UFOs ordens relacionadas com a salvação da humanidade. Nos fanáticos religiosos, o "anjo-UFO" egípcio naturalmente é enviado de Maomé; o asiático, de Buda; e o cristão, diretamente de Jesus.

No 7.º Congresso Mundial Internacional dos Pesquisadores de UFOs, realizado durante o outono de 1967, o prof. Hermann Oberth, a quem chamam de "Pai da Cosmonáutica" e que foi professor de Wernher von Braun, considerou os UFOs ainda como "problema extracientífico"; provavelmente, porém, assim disse Oberth, os UFOs são "naves espaciais de mundos estranhos", e acentuou textualmente: "Ao que parece, os seres que os dirigem estão muito à frente de nossa cultura e, se formos inteligentes, deles muito poderemos aprender". Oberth, que prognosticou com acerto o desenvolvimento dos foguetes na Terra, suspeita da existência, nos planetas periféricos do sistema solar, de condições para o surgimento da vida. Oberth, homem de pesquisa, exige que também cientistas sérios se preocupem com problemas inicialmente de aparência fantástica: "Os cientistas comportam-se como gansos gordos, que não querem digerir mais nada. Ideias novas são simplesmente recusadas por eles, como sem sentido!".

Sob o título "Suspeita tardia", no *Die Zeit* de 17 de novembro de 1967, está relatado:

> "Anos a fio, os soviéticos mostravam um sorriso irônico quanto à histeria ocidental sobre discos voadores. No *Pravda*, há não muito tempo, eram publicadas notas oficiais desmentindo que existissem tais veículos celestes singulares. Agora, o general de aviação de guerra, Anatolij Stoljakow, foi nomeado diretor de uma comissão incumbida de examinar todos os relatórios sobre UFOs. O *Times* de Londres escreve sobre isso: 'Ora, sejam os UFOs produtos de alucinações coletivas, sejam oriundos

de visitantes de Vênus, ou devam ser entendidos como revelação divina – tem de haver uma explicação para eles, senão os russos nunca teriam organizado um comitê de investigação'".

O acontecimento mais espetacular e enigmático quanto ao fenômeno "matéria procedente do Cosmo" ocorreu às 7 horas e 17 minutos na manhã de 30 de junho de 1908, na taiga siberiana: uma esfera de fogo cruzou o céu e perdeu-se na estepe. Viajantes em trânsito pela Estrada de Ferro Transiberiana observaram um corpo brilhante que passou de sul a norte. Um trovão abalou o trem, seguiram-se explosões, e a maior parte das estações sismográficas do mundo registrou um nítido abalo. Em Irkutsk – a 900 quilômetros do centro do tremor – o pêndulo do sismógrafo oscilou durante cerca de uma hora. Num círculo de mil quilômetros foram ouvidos estrondos. Rebanhos inteiros de renas foram aniquilados; homens, nômades, foram atirados para o ar, juntamente com suas tendas. Somente em 1921 o prof. Kulik começou a colecionar relatórios de testemunhas oculares; finalmente também conseguiu reunir meios financeiros para uma expedição científica a essas regiões parcamente colonizadas da taiga.

Quando, então, em 1927, foi atingida a pedregosa Tunguska, os investigadores estavam convencidos de que encontrariam uma cratera formada pela queda de enorme aerólito. Sua suspeita provou ser errônea. Já a 60 quilômetros de distância do centro da explosão viram as primeiras árvores sem copa, e, quanto mais se aproximavam do ponto crítico, tanto mais erma se tornava a região. Ali estavam árvores completamente podadas, que até pareciam postes telegráficos; na área mais próxima do centro, as árvores de maior porte ainda estavam vergadas para fora. Finalmente encontraram vestígios de um incêndio imenso. Avançando mais para o norte, a expedição se convenceu de que ali deveria ter ocorrido uma poderosa explosão. Quando, numa região pantanosa, se encontraram buracos de todos os tamanhos, suspeitou-se de queda de aerólitos; cavaram e perfuraram os terrenos pantanosos, sem encontrar qualquer vestígio, qualquer pedaço de ferro, resquício de níquel, nem mesmo fragmentos de rocha. Dois anos mais tarde, a busca continuou, dessa vez com instrumentos maiores de perfuração e outros recursos técnicos. Perfurou-se até a profundidade de 36 metros: nenhum rastro de qualquer material de meteorito foi encontrado.

Mandaram buscar instrumentos sensíveis, que acusam a menor quantidade de metal no solo. Tudo ficou sem resultado. Apesar disso, alguma coisa devia ter explodido nesse ponto, pois milhares o haviam visto, milhares o haviam ouvido.

Em 1961 e 1963, sob ordem da Academia Soviética das Ciências, mais duas expedições foram enviadas à Tunguska. A expedição de 1963 esteve sob a direção do geofísico Solotow. Esse grupo de cientistas, equipado com os mais modernos instrumentos técnicos, chegou à conclusão de que na Tunguska siberiana devia ter acontecido uma explosão nuclear.

A espécie de uma explosão é passível de ser determinada quando forem conhecidas diversas ordens de grandeza física relacionadas com sua produção. Uma dessas grandezas na explosão da Tunguska foi estabelecida por meio da quantidade de energia radiante emitida. Na taiga, distante 18 quilômetros do núcleo da explosão, foram encontradas árvores que, no momento da explosão, estavam expostas à radiação e que por isso se incendiaram. Uma árvore vicejante, porém, pode pegar fogo tão somente quando a incidência de energia por centímetro quadrado perfizer cerca de 70 a 100 calorias. O relâmpago explosivo, entretanto, atingiu tal poder que, ainda à distância de 200 quilômetros do epicentro, projetou sombras secundárias!

De tais medições foi constatado que a energia radiante da explosão deve ter sido de aproximadamente $2,8 \times 10^{23}$ ergs. (Explicando: o erg, nas ciências naturais, vale como a chamada "medida de trabalho". Um besouro que pesa 1 grama efetua o trabalho de 1 erg quando sobe numa parede à altura de 1 centímetro.)

Num raio de 18 quilômetros foram encontrados, na copa das árvores, ramos grossos e finos chamuscados. Dali pôde-se deduzir que se tratava de um calor repentino: consequência de uma explosão, e não de um incêndio florestal! Tais carbonizações foram encontradas apenas onde não havia obstáculos que impedissem o caminho da radiação. Portanto, clara e inquestionavelmente tratava-se de radiação. Para causar todos esses efeitos, a energia irradiada deve ter atingido 10^{23} ergs. Essa energia imensa equivale à força destruidora de uma bomba atômica de 10 megatons ou 100.000.000.000.000.000.000.000 de ergs!

Todos os resultados das pesquisas confirmam uma explosão nuclear e relegam interpretações como a queda de um cometa ou a de um grande meteorito, como causa do fenômeno, ao reino da fábula.

Quais as explicações para essa explosão nuclear em 1908?

Em março de 1964, num artigo publicado no renomado jornal *Svesda*, de Leningrado, foi defendida a tese de que seres inteligentes de um planeta da constelação do Cisne teriam tentado entrar em contato com a Terra. Os autores, Genrich Altow e Valentina Schuralewa, afirmaram que o impacto na taiga siberiana teria sido uma espécie de resposta à violenta erupção, semelhante a uma explosão, do vulcão Cracatoa no Oceano Índico. Por ocasião de sua erupção, em 1853, o vulcão teria arremessado um feixe considerável de ondas de rádio ao espaço cósmico. Por um engano, os longínquos seres estelares teriam interpretado as ondas de rádio como um sinal procedente do espaço cósmico; por isso teriam dirigido à Terra um raio laser demasiado forte, e este, incidindo sobre a atmosfera terrestre a grande altura, sobre a Sibéria, teria se transformado em matéria. Admitimos que essa interpretação é inaceitável, porque nos parece por demais fantástica!

Tampouco podemos aceitar a teoria que tenta explicar o fenômeno pelo choque de antimatéria. Embora admitamos a existência de antimatéria nas profundidades do Cosmo, se ela tivesse sido a causa da explosão, nada mais deveria existir na Tunguska, uma vez que o choque de matéria e antimatéria tem como consequência a dissolução recíproca.

Além disso, a chance de um pedaço de antimatéria atingir a Terra, após longo trajeto sem colisões com matéria, é muito reduzida.

Preferimos acompanhar a opinião daqueles que suspeitam que aquele fenômeno foi a explosão da pilha de energia atômica de uma nave espacial extraterrestre. Fantástico? Sim, certamente. Mas só por isso tem de ser impossível?

Sobre o aerólito da Tunguska há uma literatura capaz de encher estantes. Há mais um fato a ressaltar: a radioatividade ao redor do centro da explosão, na taiga, é o dobro – ainda hoje! – do que em qualquer outra parte. Investigações minuciosas nas árvores e em seus anéis anuais confirmam um notável aumento de radioatividade desde 1908.

Enquanto não for apresentada uma única prova científica exata, indubitável – e muita coisa mais – com relação a esse caso, ninguém tem o direito de repelir, sem motivação, uma interpretação que se enquadra no âmbito do concebível.

Sobre os planetas de nosso sistema solar temos um conhecimento razoável; a "vida", em sentido terrestre, viria ao caso em proporção muito restrita, e, em última hipótese, somente quanto a Marte. O homem definiu os limites teóricos para a possibilidade de vida de acordo com seu ponto de vista; esse limite é denominado ecosfera. Em nosso sistema solar, somente Vênus, a Terra e Marte ficam dentro dos limites da ecosfera. Entretanto, cumpre levar em consideração que tais limites da ecosfera emanam de nossas ideias sobre a vida e que tipos desconhecidos de vida podem existir em condições diferentes das nossas. Até 1962, Vênus era tido como espaço de vida possível, isto é, até que o Mariner II chegasse a 34 mil quilômetros daquele planeta. Segundo as informações transmitidas, nem Vênus entra mais em consideração como portador de vida no sentido humano.

Dos relatórios do Mariner II se depreende que a temperatura superficial de Vênus, tanto ao lado do Sol como da sombra, alcança em média 430 graus centígrados. Tal temperatura não admite a ocorrência de água à superfície; somente lagos de metal fundido poderiam existir. A ideia, que se tornara tão familiar, de Vênus como graciosa irmã gêmea da Terra já foi superada, se bem que o hidrocarboneto existente possa servir de meio de cultura para bactérias de toda espécie.

Não faz muito tempo, alguns cientistas afirmaram ser inimaginável a vida em Marte. Há menos tempo, a versão era que quase não era imaginável. Depois da bem-sucedida missão informativa do Mariner IV, porém, é preciso admitir que há, embora hesitantemente, certa escala de possibilidades vitais em Marte. Ainda que não possamos aderir à teoria de vida inteligente em Marte, queremos assim mesmo considerar possíveis certas formas de vida inferior no planeta vermelho. Também situa-se no âmbito do possível que nosso vizinho Marte, há incontados milhares de anos, tenha tido civilização própria. Atenção especial merece, em qualquer caso, a lua marciana Fobos.

Marte tem duas luas: Fobos e Deimos (grego: medo e terror). Muito antes de o astrônomo americano Asaph Hall ter descoberto essas luas no ano 1877, elas já eram conhecidas. Johannes Kepler, já em 1610, suspeitava que Marte fosse acompanhado por dois satélites. Embora o monge capuchinho Schyrl afirmasse, poucos anos depois, ter visto as luas de Marte, ele deve ter sido vítima de uma ilusão, pois, com os instrumentos ópticos da época, as minúsculas luas de Marte de modo algum seriam perceptíveis. Fascinante, aliás, é a narração de Jonathan Swift em 1727, em seu livro *Viagem a Liliput* (é uma das viagens de Gulliver!). Swift não só descreve as duas luas de Marte, como também indica suas dimensões e órbitas. Citemos um trecho do terceiro capítulo:

"Os astrônomos liliputianos despendem muito tempo de sua vida em observar os corpos celestes e usam para isso lentes, que são muito superiores às nossas. Embora seus telescópios não atinjam 1 metro de comprimento, produzem maior aumento que os nossos de quase 100 metros e mostram as estrelas com muito maior brilho. Essa vantagem permitiu-lhes superar os astrônomos da Europa, pois já conseguiram elaborar um catálogo de 10 mil estrelas fixas, quando os nossos não contêm mais que 1/3 desse número. Eles descobriram, entre outras, duas estrelas menores, ou satélites, que giram ao redor de Marte. O mais próximo dista do centro do planeta exatamente três diâmetros deste último; o mais distante, cinco. O primeiro completa seu ciclo num período de 10, o último, num período de 21,5 horas, pelo que os quadrados dos períodos de rotação se aproximam fortemente da terceira potência de sua distância do centro de Marte. Isso mostra que estão sujeitos à mesma lei de gravitação que também rege os outros corpos celestes".

Como pôde Swift descrever os satélites de Marte, uma vez que somente 150 anos mais tarde eles foram descobertos? Sem dúvida, alguns astrônomos já suspeitavam da existência dos satélites marcianos antes mesmo de Swift, mas suspeitas nunca são o suficiente para indicações de tamanha precisão. Não sabemos de onde Swift auferiu seus conhecimentos.

Realmente, esses satélites são as menores e mais singulares luas de nosso sistema solar: sua rotação se realiza em órbitas quase circulares sobre o equador! Se eles acaso estiverem a refletir a mesma quantidade de luz que nossa lua, então Fobos deve ter diâmetro de 16 quilômetros e Deimos, de 8 quilômetros apenas. Se, no entanto, forem satélites artificiais, polidos, então, de fato, devem ser ainda menores. São as únicas luas do nosso sistema solar, conhecidas até o presente, cuja revolução se completa a velocidade maior do que a de rotação do próprio planeta. Com relação à rotação de Marte,

Fobos completa, em um dia marciano, dois ciclos, ao passo que Deimos se move pouco mais velozmente do que Marte em torno do seu próprio eixo.

Em 1862, quando a Terra se encontrava em posição muito favorável em relação a Marte, procurou-se em vão pelas luas marcianas, mas somente 15 anos mais tarde elas foram descobertas! Surgiu a teoria dos planetoides, e vários astrônomos suspeitaram que as luas marcianas fossem fragmentos do espaço cósmico que Marte houvesse aprisionado. Entretanto, a teoria dos planetoides não é sustentável, pois ambas as luas de Marte giram quase no mesmo nível sobre o equador. A um fragmento do espaço cósmico isso poderia ocorrer por acaso. Mas não a dois. Finalmente, fatos mensuráveis foram trazidos à luz, daí originando-se a moderna teoria de satélites verdadeiros.

O renomado astrônomo americano Carl Sagan e o cientista russo Shklovsky corroboram em seu livro *Intelligent Life in the Universe*, publicado em 1966, a teoria de que a lua Fobos é um satélite artificial. Como resultado de uma série de medições, Sagan chegou à conclusão de que Fobos deve ser oca, e uma lua oca não pode ser natural.

De fato, as características da órbita de Fobos não apresentam relação alguma com sua massa aparente, enquanto correspondem às órbitas típicas de corpos ocos. O russo Shklovsky, diretor da Divisão de Radioastronomia do Instituto Sternberg de Moscou, lança a mesma afirmação, após haver observado que, no movimento da lua marciana Fobos, uma singular aceleração antinatural é constatável. Essa aceleração seria idêntica à que se verifica também em nossos satélites artificiais.

Hoje em dia, as teorias fantásticas de Sagan e Shklovsky são levadas muito a sério. Os americanos estão planejando mais sondas marcianas, que também deverão examinar as luas marcianas. Os russos planejam estudar os movimentos das luas marcianas nos próximos anos, operando de diferentes observatórios.

· Caso esteja certa a opinião defendida por eminentes cientistas a leste e oeste de que Marte teve em certa época uma civilização evoluída, então surge a pergunta: por que ela não existe hoje?

Teriam as inteligências marcianas necessidade de procurar novo espaço vital? Obrigou-as seu planeta pátrio, que cada vez perdia mais e mais oxigênio, a procurar outras regiões habitáveis no Cosmo? Ou uma catástrofe cósmica terá causado o naufrágio daquela civilização? E finalmente: pôde uma parte dos habitantes marcianos salvar-se, emigrando para um planeta vizinho?

No livro *Worlds in Collision*[5], publicado em 1950 e ainda hoje muito discutido nos círculos especializados, o dr. Emanuel Velikovsky afirma que um cometa gigante teria se chocado com Marte e que dessa colisão se teria formado Vênus. Isso poderia ser comprovado se Vênus tivesse alta temperatura superficial, nuvens de hidrocarbonetos e rotação anormal. A avaliação dos dados fornecidos pelo Mariner II confirma as teorias de Velikovsky: Vênus é o único planeta que gira "para trás", o único planeta, portanto, que não se atém, como Mercúrio, Terra, Marte, Júpiter, Saturno, Urano ou Netuno, às regras do jogo de nosso sistema solar...

Se, porém, uma catástrofe de origem cósmica pode ser levada em consideração como causadora do aniquilamento de uma civilização sobre o planeta Marte, então tais indícios também reforçam nossa teoria de que a Terra, em obscuros tempos arcaicos, possa ter recebido visitas do espaço. Fica, portanto, de pé a possibilidade especulativa de que grupos de gigantes marcianos quiçá se salvaram na Terra, onde fundaram, em conjunto com os seres semi-inteligentes vivendo aqui então, a nova cultura do *Homo sapiens*. Como a gravitação de Marte é menor do que a da Terra, é de supor que a constituição física do homem de Marte fosse mais robusta

---

5. *Mundos em colisão*, obra em português (esgotada) publicada pela Editora Melhoramentos. (N. da E.)

e de porte maior do que a dos habitantes da Terra. Se nessa teoria houver um halo de realidade, então teríamos os gigantes que vieram das estrelas, que eram capazes de mover blocos colossais de pedra, que ensinaram aos homens artes ainda ignoradas e que, finalmente, se extinguiram...

Nunca soubemos tão pouco de tanta coisa, como hoje. Estamos certos de que o tema "Homem e inteligências extraterrenas" se conservará em pauta para pesquisas até todos os enigmas decifráveis terem sido solucionados.

 11 A busca de comunicação direta

Sinais para o Universo

Existem transmissões de pensamento mais velozes que a luz?

O caso singular de Cayce – A equação Green-Bank

Cientistas preeminentes representam a exobiologia

Qual é o trabalho da Nasa?

Diálogo com Wernher von Braun

Em 8 de abril de 1960, às 4 horas da madrugada, teve início em um vale solitário da Virgínia do Oeste uma estranha experiência: o grande radiotelescópio de 85 pés de Green-Bank foi dirigido para a estrela Tau Ceti, distante 11,8 anos-luz. O jovem astrônomo americano dr. Frank Drake, um renomado cientista que atuou como diretor do projeto, queria captar emissões de rádio de outras civilizações, a fim de receber sinais de inteligências alienígenas do espaço cósmico. A primeira série de experimentos durou 150 horas; ingressou como Projeto Ozma na história da Astronomia, embora lhe fosse destinado um malogro. A experiência foi interrompida, não porque apenas um dos cientistas participantes tivesse a opinião de que no espaço cósmico não haveria emissões de rádio, mas porque se havia chegado à compreensão de que, presentemente, ainda não existem instrumentos cuja sensibilidade corresponda ao fim colimado. Ozma não permanecerá como experiência única do gênero. Possivelmente será erigido sobre a Lua um radiotelescópio gigante que, livre das perturbações terrestres, possa sondar os espaços incomensuráveis entre as estrelas, em busca de sinais de rádio.

Não podemos exigir que uma inteligência cósmica entenda russo, espanhol ou inglês e, por acaso, só espere ser chamada... Há, presumivelmente, três possibilidades mediante as quais podemos nos comunicar: com símbolos matemáticos, com raios laser ou com imagens. Muitas são as possibilidades da primeira alternativa. Para a execução, deveriam ser detectados e fixados comprimentos de ondas intergalácticas, que tenham probabilidades de ser recebidas no Cosmo inteiro. Com 1.420 mega-hertz, obtemos a frequência ideal, pois é a produzida pelo hidrogênio neutro, como resultado da colisão de átomos de hidrogênio. Como o hidrogênio é um elemento universal, essa frequência de radiação deve ser conhecida em todo o espaço cósmico. Além disso, 1.420 mega-hertz se situam em faixa que fica acima da confusão de ondas terrestres. As possibilidades de enganos e interferências estariam reduzidas ao mínimo. Dessa maneira podem ser emitidos impulsos de rádio para o Universo e, se houver inteligências em outros astros, elas os reconhecerão.

Em conexão com esse assunto, a notícia publicada pelo *Zeit*, edição 51, de 22 de dezembro de 1967, é de alto interesse. Sob o título "A Lua é bombardeada com sinais luminosos", consta o seguinte:

> "É verdade que a distância da Lua à Terra é conhecida com aproximação de poucas centenas de metros, mas com isso os astrônomos ainda não querem dar-se por satisfeitos. Por esse motivo, os astronautas, em um de seus primeiros voos ao satélite da Terra, deverão levar espelhos e lá montá-los. Esses espelhos – como se fossem cantos de uma sala – consistirão em três planos refletores colocados perpendicularmente

> um sobre o outro e terão a propriedade de refletir, na direção da fonte de origem, toda a luz que neles incidir.
>
> Esse sistema de espelhos deve ser bombardeado da Terra com raios da duração de um centésimo milionésimo de segundo, partidos de um emissor laser, a cuja parte anterior se adaptará um telescópio com uma abertura de 1,50 m. A luz refletida pelos espelhos colocados na Lua será recebida pelo referido telescópio e conduzida a um fotocopiador.
>
> Partindo da conhecida velocidade da luz e do tempo que o raio laser necessitará para vencer o caminho de ida e volta, os técnicos poderão determinar a distância Terra-Lua com aproximação de 1,50 m".

O mesmo se pode imaginar em sentido inverso. Há longo tempo, ondas de rádio atravessam o Universo. Não é concebível, se nossa hipótese estiver certa, que também inteligências extraterrestres nos chamem? Por exemplo, a energia de radiação de CTA-102 aumentou de repente, no outono de 1964; astrônomos russos comunicaram que possivelmente teriam recebido sinais de uma supercivilização extraterrena. Essa radioestrela CTA-102 havia sido registrada pelos radioastrônomos do California Institute of Technology sob o número de catálogo 102 – daí seu nome.

O astrônomo Sholomitski declarou, em 13 de abril de 1965, no auditório do Instituto Sternberg de Moscou:

> "Em fins de setembro e princípios de outubro de 1964, a energia de radiação de CTA-102 intensificou-se muito. Mas por pouco tempo, depois tornou a diminuir. Registramo-la e ficamos na expectativa. Lá pelo fim do ano, a intensidade da mesma fonte de repente tornou a aumentar; alcançou de novo o nível máximo exatamente 100 dias depois do primeiro registro".

Seu chefe, o prof. Shklovsky, acrescentou, em complemento, que tais oscilações de radiação eram muito fora do comum.

Entrementes, o astrofísico holandês Maarten Schmidt descobriu, mediante mensurações exatas, que CTA-102 deve estar distante da Terra cerca de 10 bilhões de anos-luz. Isso quer dizer, portanto, que aquelas ondas de rádio, caso se tenham originado de seres vivos inteligentes, foram por eles emitidas há 10 bilhões de anos. Naquela época, porém, nosso planeta – segundo o atual status da pesquisa – nem existia ainda. Esse fato poderia constituir uma espécie de golpe mortal na ideia de se procurarem outros seres vivos no espaço cósmico.

Se, porém, não houvesse qualquer chance na procura de vida no Cosmo, não se manteriam astrofísicos na América e na Rússia, no Jodrell Bank inglês, próximo a Manchester, bem como em Stockert, perto de Bonn – com suas possantes antenas direcionais apontadas para as chamadas radioestrelas e quasares. As estrelas fixas Epsilon Eridani e Tau Ceti estão distanciadas de nós 10,2 e 11,8 anos-luz, respectivamente. Rádio-ondas destinadas a esses "vizinhos" estariam, pois, em caminho durante 11 anos redondos; uma resposta, portanto, poderia chegar aqui após 22 anos. Ligações de rádio com estrelas mais distantes levarão tempo correspondentemente mais longo; civilizações que se situem a distâncias de milhões de anos-luz são completamente impróprias para estabelecimento de contatos mediante rádio-ondas. Mas são mesmo ondas de rádio nossos únicos recursos técnicos para tais experiências?

Poder-se-ia tentar também uma comunicação óptica. Um forte raio laser – dirigido a Marte ou Júpiter – poderia, na extensão em que existissem seres vivos inteligentes, não permanecer despercebido. (Observação entre parênteses: "laser" é abreviatura de *light-amplification by the stimulated emission of radiation*" – fotoamplificação por emissão estimulada de radiação – exprimindo, mais compreensivelmente, um amplificador de ondas de luz.) Outra possibilidade, que soa um pouco absurda, seria cultivar o solo em extensas planícies, de modo a se formarem imensos contrastes coloridos que, simultaneamente, reproduzissem um símbolo geométrico ou matemático de validade universal. Ideia ousada, porém perfeitamente realizável: um enorme triângulo isósceles, em cujos flancos, na extensão de mil quilômetros, se plantariam batatinhas; no interior desse triângulo gigantesco, seria semeado trigo numa grande área circular; assim, a cada verão, um imenso círculo amarelo seria formado – inscrito num triângulo isósceles verde. Experiência essa, além do mais, muito útil e rendosa! Se, porém, houver de fato inteligências cósmicas que nos procurem como nós as procuramos, a imagem colorida de círculo e triângulo seria para elas um indício de que essas formas não poderiam ser caprichos da natureza... Como dissemos, uma possibilidade. Houve também alguém que propôs erigir uma cadeia de faróis que projetassem a luz de seus holofotes verticalmente para o céu e que esse conjunto luminoso tivesse a forma de um modelo atômico... Propostas, sugestões...

Todas as propostas partem da premissa de que alguém esteja observando nosso planeta. Será que enfrentamos erradamente o problema, pelo fato de limitar as tentativas apenas aos meios aqui sugeridos?

Por mais céticos e intolerantes que sejamos quanto a toda espécie de ocultismo, não podemos, no entanto, recusar-nos a investigar certos fenômenos físicos hoje ainda incompreensíveis, como, por exemplo, as transmissões de pensamento entre cérebros inteligentes, comprovadas sob rigoroso controle científico, porém ainda não explicáveis.

Nos departamentos parapsicológicos de muitas universidades famosas, fenômenos até agora não pesquisados, tais como clarividência, visões, telepatia etc., são investigados com métodos científicos exatos. Separam-se e excluem-se daí todas as funestas histórias de espíritos e fantasmas de ocultismo duvidoso, bem como ideias inspiradas por fanatismo religioso. Consideram-se exclusivamente fenômenos realmente dignos de investigação em laboratório. Exames isolados e em série provaram que existe transmissão de pensamento. Nesse campo da pesquisa – que ainda era tabu até pouco tempo atrás – registraram-se ultimamente importantes avanços.

Em agosto de 1959, foi concluída a experiência "Nautilus", e assim comprovada não somente a possibilidade da telepatia, mas também a de que as transmissões de pensamento entre cérebros humanos são mais intensas que as realizadas por meio de rádio-ondas. A experiência foi esta:

A uma distância de vários milhares de quilômetros do "emissor do pensamento", o submarino *Nautilus* mergulhou algumas centenas de metros sob o nível do mar; todas as ligações de rádio ficaram interrompidas, pois ondas de rádio nem atualmente penetram em nível profundo sob a água do mar. Mas funcionou a telepatia entre o senhor X e o senhor Y.

Após tais testes científicos, pergunta-se de quanto mais ainda o cérebro humano é capaz! Poderá assegurar comunicações mentais mais rápidas que a luz? O caso Cayce, que hoje se inclui na literatura científica, admite tais suspeitas.

Edgar Cayce, simples filho de lavradores do Kentucky, não tinha a menor ideia das fantásticas capacidades que se escondiam em sua cabeça. Embora ele tenha morrido em 5 de janeiro de 1945, ainda hoje médicos e psicólogos se ocupam da avaliação de suas ações. A austera American Medical Association concedeu a Edgar Cayce uma licença especial para dar consultas, embora ele não fosse médico.

Edgar Cayce adoeceu gravemente quando ainda era menino. Convulsões o agitavam, febre alta estava prestes a consumir seu corpo, e ele caiu em estado de coma. Enquanto os médicos tentavam em vão fazer a criança voltar à lucidez, Edgar, repentinamente, começou a falar, alta e nitidamente: explicou por que estava doente, indicou alguns medicamentos dos quais necessitava e disse quais os ingredientes de uma pomada com a qual deveria ser tratado, mediante fricções em sua coluna dorsal. Médicos e parentes ficaram estupefatos, pois não podiam imaginar de onde vinham esses conhecimentos e os vocábulos que eram completamente estranhos para o garoto. Uma vez que o caso parecia sem esperança, executaram-se suas indicações. A cura de Edgar processou-se clara e rapidamente após o tratamento com os medicamentos por ele mencionados.

A ocorrência divulgou-se por todo o Kentucky. Como Edgar havia falado em estado de coma, muitas propostas surgiram no sentido de hipnotizar o garoto, a fim de arrancar-lhe conselhos para novas curas. Edgar não o queria de modo algum. Só quando adoeceu um de seus amigos ele ditou uma receita precisa, usando palavras latinas que nunca tivera ouvido ou mesmo lido. Uma semana mais tarde, o amigo estava restabelecido.

Se o primeiro caso, como pequena sensação que, no entanto, não podia ser levada cientificamente a sério, logo caiu em esquecimento, a ocorrência renovada induziu a Medical Association a constituir uma comissão incumbida de, no futuro, caso aquilo se repetisse, elaborar relatórios e registrar por escrito os mínimos detalhes do processo. Dormindo, Cayce possuía conhecimentos e capacidades que, de outro modo, só poderiam resultar de doutas conferências médicas.

Certa vez, Edgar "prescreveu" a um paciente muito rico determinado medicamento que não foi possível descobrir em parte alguma. O homem mandou publicar anúncios em jornais de ampla divulgação, inclusive no exterior. De Paris (!), um jovem médico escreveu que seu pai havia, anos antes, preparado aquele medicamento, cuja produção, no entanto, tinha sido interrompida havia muito tempo. A composição era idêntica às indicações detalhadas de Edgar Cayce.

Mais tarde, Edgar "prescreveu" outro medicamento e mencionou o endereço de certo laboratório em uma cidade distante. Feito um telefonema, recebeu-se a informação de que a preparação do medicamento acabava de ser iniciada, que a fórmula estava pronta, que se procurava um nome para o produto, que, no entanto, ainda não estava à venda.

A comissão de médicos profissionais, longe de acreditar em telepatia, fez um pesquisa objetiva e comprovou o que estava observando, na certeza de que Edgar jamais havia folheado um único livro de Medicina na vida. Instado por todos os lados, do mundo inteiro, Edgar dava duas consultas por dia, sempre na presença de médicos e sempre gratuitamente. Seus diagnósticos e conselhos terapêuticos eram precisos – mas, quando ele acordava de seu transe, nada mais sabia do que tinha dito. Quando membros da comissão lhe perguntaram como ele chegava a seus diagnósticos, Edgar declarou crer que ele podia pôr-se em contato com qualquer cérebro que fosse necessário e lhe extrair as informações de que precisava para o diagnóstico. Ele pedia informes ao cérebro do paciente, que sabia exatamente o que estava acontecendo em seu corpo; depois, procurava, onde quer que fosse no mundo, o cérebro que lhe pudesse dizer o que deveria ser feito. Ele mesmo, acrescentou Edgar, era apenas uma parte de todos os cérebros...

Essa é uma ideia espantosa que, transferida para o campo da tecnologia, daria, mais ou menos, o seguinte: em Nova York, um computador monstro é alimentado com todos os dados da Física conhecidos até hoje. Independentemente de quando ou onde fosse a consulta, o computador daria as respostas em frações de segundo. Outro cérebro eletrônico está em Zurique: nele está armazenado todo o saber da Medicina. Um computador em Moscou está repleto de todas as indicações da Biologia, outro, no Cairo, não apresenta lacuna alguma nos conhecimentos da Astronomia; para ser breve: em diversos centros do mundo, todo o saber universal, coordenado em seus diversos ramos, encontra-se depositado em computadores. Em ligação recíproca, sem fio, o computador no Cairo, consultado quanto a uma informação médica, em centésimos de segundo transmitirá as perguntas ao computador em Zurique. A tal ligação técnica simultânea, perfeitamente imaginável e já executável, deverá ter correspondido mais ou menos à função do cérebro de Edgar Cayce.

Registre-se aqui uma audaciosa especulação: o que seria se todos os cérebros humanos (ou mesmo apenas alguns), altamente evoluídos, dispusessem de ignotas formas de energia e tivessem a capacidade de entrar em contato com todos os seres vivos? Assustadoramente pouco se conhece sobre as funções e possibilidades do cérebro humano; é sabido que no cérebro sadio apenas um décimo do córtex trabalha. O que fazem os restantes nove décimos? Conhecido e cientificamente documentado é o fato de que criaturas humanas se livraram de moléstias incuráveis pela própria vontade e nada mais. Talvez porque, por uma "ligação" desconhecida para nós, um ou dois décimos do córtex trabalharam adicionalmente?

Se supusermos que no cérebro atuam formas intensíssimas de energia, então um forte impulso mental poderia se fazer sentir simultaneamente e por toda parte. Se a pesquisa tornar comprovável essa hipótese audaciosa, então, sim, todas as inteligências do Universo poderiam pertencer à mesma estrutura desconhecida.

Vou dar um exemplo. Se no interior de um tanque com bilhões de bactérias em qualquer ponto for induzido forte impulso elétrico, esse impulso é passível de ser sentido em todos os pontos e por qualquer gênero de bactérias. O choque elétrico seria percebido em todas as partes no mesmo instante. Estamos cientes de que essa comparação é imperfeita, pois a eletricidade é uma forma conhecida de energia e condicionada à velocidade da luz. Nós, porém, estamos tratando de uma forma de energia que está presente e ativa em todas as partes e ao mesmo tempo. Estamos apenas adivinhando uma forma de energia ainda não identificada, que um dia tornará compreensível o que agora não se pode compreender.

Para dar à extraordinária ideia alguma esperança de probabilidade, vou mencionar uma experiência realizada em 29 e 30 de maio de 1965. Quanto a vulto e espécie, deve ser única. Naqueles dois dias, 1.008 pessoas concentraram-se ao mesmo tempo, sim, no mesmo segundo, sobre figuras, sentenças e grupos de símbolos, que por elas foram "irradiados", por assim dizer, com energia concentrada, para o Universo. Essa experiência em massa, por si só, já é admirável

– porém mais singulares ainda são seus resultados. Nenhum participante conhecia qualquer um dos outros; eles viviam a centenas de quilômetros de distância entre si. Preenchendo formulários impressos, 2,7% dos participantes responderam que haviam visto uma imagem, a imagem do modelo de um átomo. Como qualquer entendimento prévio ou combinação entre as "cobaias" teria sido impossível, é realmente surpreendente que 2,7% tenham visto a mesma "imagem pensada". Telepatia? Charlatanismo? Acaso? Admitimos ser tudo um tema de ficção científica, mas tal experiência, organizada por cientistas, efetivamente se realizou. É evidente que ainda não sabemos tudo.

Tampouco é explicável a constatação de um grupo de físicos da Universidade de Princeton: durante o exame da desintegração do Méson K, eletricamente neutro, chegou-se a um resultado teoricamente impossível, porque contradizia um princípio, havia muito estabelecido, da física nuclear, segundo o qual processos de partículas elementares são considerados cronologicamente reversíveis.

Mais um exemplo espetacular! Uma parte da teoria da relatividade de Einstein afirma que massa e energia são manifestações diversas de um único e mesmo fenômeno ($E = mc^2$). Dito com simplicidade, pode-se criar matéria partindo literalmente do imaterial. Faz-se com que um raio de energia intensa passe rente a um pesado núcleo atômico: desaparece o raio de energia no forte campo energético elétrico do núcleo do átomo e em seu lugar são formados um elétron e um pósitron. Energia em forma de um raio transforma-se na massa de dois elétrons. Para a mente sem formação científica, o processo parece louco, mas, a despeito disso, ele decorre assim mesmo. Não é vergonhoso não poder seguir Einstein; um cientista o chamou de "o grande solitário", porque ele talvez pudesse ter comentado sua teoria com uma dúzia apenas de seus contemporâneos.

Após essa excursão a regiões ainda inexploradas das transmissões do pensamento e das funções do cérebro humano, voltamos ao tema.

Já não é segredo que, em novembro de 1961, no National Radio Astronomy Observatory, em Green-Bank, Virgínia do Oeste, onze autoridades científicas se reuniram em uma conferência secreta para discutir exclusivamente sobre o problema da existência de inteligências extraterrenas. Os cientistas – entre os quais dr. Giuseppe Cocconi, dr. Su-shu Huang, dr. Philip Morrison, dr. Frank Drake, dr. Otto Struve, dr. Carl Sagan, assim como o detentor do Prêmio Nobel Melvin Calvin – chegaram a um acordo, condensado na chamada "equação Green-Bank". Segundo essa fórmula, existem a qualquer tempo, em nossa galáxia apenas, 50 milhões de civilizações diversas que ou tentam entrar em contato conosco, ou estão à espera de um sinal procedente de outros astros.

Os termos da equação Green-Bank levam em conta todos os aspectos da questão; além disso, os cientistas instituíram para cada termo dois valores: um valor normal admissível de acordo com os conhecimentos atuais e um valor mínimo absoluto.

$$N = R_+ \, f_p \, n_e \, f_l \, f_i \, f_c \, L$$

Nessa equação os símbolos significam:

R_+ = número médio de novas estrelas semelhantes ao nosso sol

f_p = número de estrelas com possíveis seres vivos

n_e = número médio de planetas que orbitam a ecosfera de seu sol e que, por isso, segundo escala humana, oferecem condições adequadas ao desenvolvimento da vida

f_l = número de planetas, assim favorecidos, nos quais de fato tenha evoluído vida

f_i = número de planetas habitados por inteligências dotadas de ação própria durante o tempo de vida de seu sol

f_c = número de planetas habitados por inteligências que já tenham civilização técnica desenvolvida

L = duração de vida de uma civilização, pois somente civilizações de longa existência poderiam encontrar-se, dadas as vastíssimas distâncias no Universo

Se ora adotarmos para todos os termos nessa equação os valores mínimos absolutos, então

$$N = 40$$

Se, porém, forem tomados os valores máximos possíveis, então

$$N = 50.000.000$$

A fantástica equação Green-Bank calcula, pois, para o caso mais desfavorável, 40 grupos de inteligências em nossa Via Láctea que procuram contato com outras inteligências. A possibilidade mais audaciosa indica 50 milhões de inteligências extraterrenas que esperam sinais do Cosmo. Todos os cálculos de Green-Bank se baseiam não nas cifras astronômicas do presente, mas no número de estrelas de nossa Via Láctea desde que ela existe.

Aceitando a equação do *brain-trust* (corpo de peritos) de cientistas, há 100 mil anos já podem ter existido civilizações tecnicamente mais perfeitas do que a nossa – fato esse que apoia a teoria aqui apresentada, da visita dos "deuses" do Cosmo nos nebulosos tempos pré-históricos. O astrobiólogo americano dr. Sagan assegura que, apenas com base em cálculos estatísticos, existe a possibilidade de nossa Terra ter sido visitada ao menos uma vez, no decurso de sua História, por representantes de uma civilização extraterrestre. Todas as deliberações e especulações podem ter como pano de fundo a imaginação e mil sonhos utópicos – mas a equação Green-Bank é uma fórmula matemática e, por isso, está fora e acima das meras fantasias.

Um novo ramo da ciência está prestes a estabelecer-se, a chamada exobiologia. Ramos novos da ciência sempre enfrentam grandes dificuldades para obter reconhecimento. Provavelmente seria ainda mais difícil vencer a exobiologia, não fosse o fato de personalidades já hoje respeitadas dedicarem seu trabalho a esse novo campo da pesquisa, que encara a vida extraterrena sem preconceitos. A prova mais convincente da seriedade dessa nova ciência é o grupo de nomes que a ela se associaram: dr. Freeman Quimby (chefe do programa exobiológico da Nasa), dr. Ira Blei (Nasa), dr. Joshua Lederberg (Nasa), dr. L. P. Smith (Nasa), dr. R. E. Kaj (Nasa), dr. Richard Young (Nasa), dr. H. S. Brown (California Institute of Technology), dr. Edward Purcell (professor de Física na Universidade de Harvard), dr. R. N. Bracewell (Radio Astronomy Institute Stanford), dr. Townes (Prêmio Nobel de Física, 1964), dr. I. S. Shklovsky (Instituto Sternberg, Moscou), dr. N. S. Kardashew (Instituto Sternberg, Moscou), Sir Bernard Lovell (Jodrell Bank), dr. Wernher von Braun (chefe do programa de foguetes Saturno, Estados Unidos), prof. dr. Oberth (preceptor de Von Braun), prof. dr. Stuhlinger, prof. dr. E. Sänger e muitos outros.

Esses nomes são citados entre muitos milhares de exobiólogos existentes no mundo inteiro. O interesse de todos esses homens é quebrar os tabus, demolir as muralhas da letargia em que até agora viveram as áreas da pesquisa aqui especificamente indicadas. Contra muitas resistências, a exobiologia progride e algum dia poderá tornar-se o mais interessante e mais importante campo de pesquisa.

Como, porém, pode ser obtida uma prova de vida no espaço cósmico antes de se chegar até lá? Existem estatísticas e cálculos que decididamente apoiam a existência de vida extraterrena. Existe a prova de bactérias e espórios no espaço cósmico. A busca de inteligências desconhecidas iniciou-se, mas ainda não trouxe resultados mensuráveis, demonstráveis e convincentes. O que precisamos é de documentações de teorias – provas de suspeitas hoje ainda desqualificadas como fantasiosas. A Nasa tem um programa de pesquisa completo, que deverá trazer comprovantes da vida no Cosmo. Oito sondas diversas, cada uma delas tão inédita em sua espécie quão complicada, devem reunir provas de vida em planetas do nosso sistema solar. São estas as sondas planejadas:

Optical Rotary Dispersion Profiles
The Multivator
The Vidicon Microscope
The J-Band Life Detector
The Radioisotope Biochemical Probe
The Mass Spectrometer
The Wolf Trap
The Ultraviolet Spectrophotometer

Aqui umas poucas indicações daquilo que se oculta atrás de algumas dessas designações técnicas que nada dizem ao leigo:

"Optical Rotary Dispersion Profiles" designa um aparelho de pesquisa que usa uma luz sondadora rotativa. Colocada sobre um planeta, essa fonte de luz começa a emitir raios e procurar moléculas. As moléculas, como se sabe, são condição básica para qualquer espécie de vida. Uma dessas moléculas é a macromolécula espiralada DNS[6], que consiste em três compostos químicos enfileirados – um álcali orgânico nitrogenado, açúcar, ácido fosfórico. Quando a luz polarizada incidir sobre tal molécula, o raio sondador é refratado, porque o álcali nitrogenado "adenina", em associação química com açúcar, tem efeito "opticamente ativo". Uma vez que a associação de açúcar na molécula DNS é opticamente ativa, o raio de busca da sonda só precisa incidir sobre a associação açúcar-adenina para produzir imediatamente um sinal que, automaticamente transmitido para a Terra, traria a prova de vida sobre um planeta desconhecido.

---

6 DNS é abreviatura de *Desoxyribonukleinsäure* (ácido desoxirribonucleico). A abreviatura usada nos Estados Unidos para designar essa mesma substância orgânica é DNA, porque, em inglês, seu nome por extenso é *deoxyribonucleic acid*.

Quanto ao "Multivator", trata-se de uma sonda de apenas 500 gramas que, levada por um foguete como leve carga colateral, será ejetada nas proximidades do planeta. Esse microlaboratório, então, estará habilitado a executar até quinze experiências diversas e transmitir seus resultados à Terra.

A sonda oficialmente designada como "Radioisotope Biochemical Probe", porém desenvolvida sob a alcunha de "Gulliver", deve executar sobre a superfície do planeta estranho uma descida suave e, imediatamente, atirar três cordões viscosos de 15 metros de comprimento cada um em direções diversas. Poucos minutos depois, esses cordões são automaticamente recolhidos de novo na sonda; o que tiver aderido aos cordões – poeira, micróbios ou quaisquer substâncias bioquímicas – é imerso em um líquido nutritivo. Uma parte dessa solução nutritiva é enriquecida com carboisótopo radioativo C-14; os microrganismos introduzidos teriam, logicamente, de produzir, por seu metabolismo, CO_2 (dióxido de carbono). O gás dióxido de carbono é facilmente separado da solução nutritiva e encaminhado a um instrumento aferidor, que mede a radioatividade do gás contendo núcleos de C-14 e, finalmente, transmite os resultados à Terra.

Queremos descrever mais um instrumento que a Nasa desenvolveu para a busca de vida extraterrena: a denominada "Armadilha do Lobo". Esse microlaboratório originalmente havia sido denominado por seu inventor de "Bug-Detector" (Detector de Besouros), mas seus colaboradores o rebatizaram "Wolf Trap" (Armadilha do Lobo), porque seu chefe se chama prof. Wolf Vishniac. Também a Armadilha do Lobo deverá executar pouso suave sobre um planeta estranho e depois estender um tubo de vácuo de ponta muito frágil. Ao tocar o chão, a ponta do tubo quebra e, devido ao vácuo de seu interior, aspira do solo amostras de todas as espécies. Como a anterior, essa sonda contém diversas culturas nutritivas esterilizadas, que garantem a qualquer espécie de bactérias um crescimento rápido. Essa multiplicação das bactérias tem como consequência a turvação da solução nutritiva clara; além disso, altera-se o pH do líquido (o vapor pH indica o grau de acidez de um elemento). Ambas as modificações são facilmente mensuráveis acima de qualquer dúvida: a turvação do líquido mediante um raio luminoso e uma fotocélula; a alteração do teor de ácido por uma medição elétrica do pH. Os resultados também possibilitariam conclusões sobre a existência de vida extraterrena.

Milhões de dólares são gastos no programa da Nasa e nas pesquisas coordenadas em busca de prova de vida extraterrena. As primeiras biossondas devem ser enviadas a Marte. Indubitavelmente, o homem logo seguirá os equipamentos precursores, os microlaboratórios. Os responsáveis pela Nasa estão concordes em que os primeiros astronautas, o mais tardar, desembarcarão em 23 de setembro de 1986 em Marte. A indicação precisa da data tem sua razão: 1986 será um ano de reduzida atividade solar. O dr. Von Braun defende a opinião de que já em 1982 homens poderão descer em Marte; não falta aos homens da Nasa a técnica necessária, apenas verba suficiente e continuada, assegurada pelo Congresso americano. A par de todas as obrigações correntes dos Estados Unidos, dois devoradores de dinheiro, como a guerra do Vietnã e o programa de cosmonáutica, constituem um encargo muito pesado no decorrer do tempo, mesmo para a nação mais rica do mundo.

O plano de viagem para Marte já existe. A nave espacial para esse fim já foi desenhada: apenas precisa ser construída. Perfeita maquete dessa nave está sobre a escrivaninha de um homem extraordinário em Huntsville – o prof. Ernst Stuhlinger, diretor do Research Project Laboratory, que faz parte do George Marshall Space Flight Center, em Huntsville, Alabama. Stuhlinger ocupa mais de cem colaboradores científicos em seus laboratórios, nos quais são feitas experiências com Física plasmática, nuclear e térmica. Os cientistas, além disso, ocupam-se com pesquisas de base para projetos visando a um futuro remoto. A pesquisa da propulsão elétrica dos foguetes de amanhã está para sempre ligada ao nome do dr. Stuhlinger. É ele o planejador da nave espacial de Marte, que ainda em nosso século levará criaturas humanas ao planeta vermelho.

O dr. Stuhlinger foi trazido aos Estados Unidos, logo depois da Segunda Guerra Mundial, por seu amigo Wernher von Braun; em Fort Bliss foram construídos foguetes para a Força Aérea americana. Acompanhados por 162 conterrâneos, os dois pioneiros de foguetes, após a irrupção da guerra da Coreia, mudaram-se para Huntsville, para lá desenvolver um projeto que a própria América do Norte, acostumada à gigantomania, ainda não havia visto.

Huntsville era então um lugarejo adormecido na encosta das Montanhas Apalaches. Com a chegada dos homens dos foguetes, a vilazinha produtora de algodão transformou-se num circo. Fábricas, estações testadoras, laboratórios, hangares gigantescos e escritórios de chapa ondulada dentro de poucos anos brotaram do chão com rapidez espantosa. Hoje vivem em Huntsville mais de 150 mil pessoas; a cidadezinha despertou de seu sono, e seus habitantes tornaram-se adeptos fanáticos da exploração do espaço cósmico. Quando da estação de testes partiu, trovejando, o primeiro foguete Redstone, muitos huntsvilianos ainda correram assustados para o porão de casa. Hoje, quando um foguete Saturno é testado, e um estrondoso ruído enche a atmosfera, como se naquele instante o mundo fosse soçobrar, quase mais ninguém liga. Os huntsvilianos – a exemplo do que fazem os cavalheiros da City em Londres com seus guarda-chuvas – carregam sempre consigo seus protetores auriculares. Chamam sua cidade simplesmente de "Rocket City" (Cidade dos Foguetes) e, quando o Congresso não quer conceder os exigidos bilhões para a astronáutica, tornam-se irritados e enérgicos. Os huntsvilianos têm toda a razão de se orgulhar de seus *Germans* (alemães) e da Nasa, porque Huntsville desenvolveu-se a ponto de se tornar o maior centro da Nasa. Ali, os foguetes que são manchete em todo o mundo foram idealizados e construídos, desde o pequeno Redstone até o gigantesco Saturno V. Quando partem, os tanques são lotados com 4 milhões de litros de combustível altamente explosivo, que desenvolve uma energia propulsora de 150.000.000 HP. O foguete gigante pesa quase 3 mil toneladas. Em Huntsville trabalham, sob as ordens de Wernher von Braun, cerca de 7 mil técnicos, engenheiros e especialistas em vários ramos científicos correlacionados, para atingir o grande alvo, que é a conquista do espaço cósmico. Do programa cosmonáutico total dos Estados Unidos, em 1967, participaram ativamente 300 mil cientistas, técnicos e colaboradores de todas as especialidades. Mais de 20 mil firmas industriais trabalham para o maior empreendimento de pesquisa da História.

O cientista austríaco dr. Pscherra me disse, numa visita a Huntsville, que o grupo pesquisador precisava constantemente desenvolver "artigos" novos, que até o presente não eram produzidos em parte alguma do mundo.

"Veja aqui!", disse ele, e me mostrou um grande cilindro dentro do qual se ouvia certo zumbido. "Aí fazemos experiências de lubrificação em alto vácuo. Sabe que não podemos aproveitar um único dos inúmeros lubrificantes fabricados no mundo? No espaço cósmico perdem completamente sua qualidade lubrificadora. Com os lubrificantes existentes, mesmo um simples motor elétrico deixa de funcionar, o mais tardar dentro de meia hora, quando no vácuo. O que nos resta senão inventar uma substância lubrificadora que também no vácuo lubrifique eficientemente?"

De outro recinto vinha um rangido e guincho horrorosos. Duas morsas supradimensionais, firmemente ancoradas no chão, tentavam arrebentar uma chapa metálica de 10 centímetros de espessura.

"Também é uma série experimental que gostaríamos de evitar", disse o dr. Pscherra. "Mas nossas experiências nos mostraram que as ligas metálicas existentes não resistem às exigências do espaço cósmico. Portanto, temos de encontrar outras, que correspondam às nossas necessidades. Por isso, fazemos esses testes de ruptura e experiências de envelhecimento, sob todas as situações espaciais imagináveis. Também temos de desenvolver novos processos de soldagem. As costuras da solda devem ser submetidas a testes de frio, calor, agitação, tração e pressão, a fim de descobrirmos o ponto crítico em que a costura rebenta."

A acompanhante que me estava guiando olhava frequentemente para seu relógio. O dr. Pscherra também olhava para o seu. Todos olhavam para seus relógios, a cada instante. Os homens da Nasa, evidentemente, já nem o percebem; o visitante o registra, primeiro curioso, mas depois logo se acostuma, pois olhar para o relógio a cada momento é hábito típico dos homens da Nasa, em Cabo Kennedy, em Houston, Huntsville. Constantemente parecem estar contando juntos: ...quatro... três... dois... um... zero!

Deslocando-me em veículos, ou a pé, através de salões, corredores e portas, cheguei, depois de muitos controles de segurança, a um Sr. Pauli, igualmente originário da Europa, de fala germânica, que há treze anos trabalha para a Nasa. Enfiaram-me na cabeça um capacete branco com o distintivo da Nasa; Sr. Pauli conduziu-me à estação de testes do Saturno V. Com o modesto nome de "estação de testes" designa-se um colosso de cimento armado, que pesa diversas centenas de toneladas e tem vários andares de altura, a cujo cimo sobem elevadores e guindastes. É circundado por diversas rampas em que é embutida uma vastíssima rede de vários quilômetros de cabos. Dada a ignição, o Saturno V faz um barulho que é audível até uma distância de 20 quilômetros do local da decolagem. A estação de testes, profundamente embasada em rocha e cimento armado, eleva-se em tais experiências até 8 centímetros acima da fundação, enquanto 1,5 milhão de litros de água por segundo são bombeados para fins de resfriamento através de uma comporta. Só para resfriamento durante experiências na estação de testes, a Nasa precisou construir uma usina de recalque que, sem dificuldades, poderia prover de água potável uma metrópole como Düsseldorf. Uma única experiência de lançamento custa uns 5.300.000 cruzeiros! Não se pode conquistar o espaço a baixo preço...

Huntsville é um dos dezoito centros da Nasa. O leitor deveria anotar esses nomes, porque mais tarde talvez se tornem estações de partida para voos cósmicos:

Army Research Center, Moffett Field, Califórnia
Electronics Research Center, Cambridge, Massachusetts
Flight Research Center, Edwards, Califórnia
Goddard Space Flight Center, Greenbelt, Maryland
Propulsion Laboratory, Pasadena, Califórnia
John F. Kennedy Space Center, Flórida
Langley Research Center, Hampton, Virgínia
Lewis Research Center, Cleveland, Ohio
Manned Spacecraft Center, Houston, Texas
Nuclear Rocket Development Station, Jackass Flats
Pacific Launch Operations Office, Lompoc, Califórnia
Wallops Station, Wallops Island, Virgínia
Western Operations Office, Santa Mônica, Califórnia
Nasa Headquarters, Washington, DC

A indústria de naves espaciais há muito superou a indústria automobilística, determinadora da conjuntura comercial. Na estação espacial de Cabo Kennedy estavam ativas, em 1.º de julho de 1967, 22.828 pessoas; o orçamento anual, somente dessa estação, chegou ao montante de 475.784.000 dólares!

Tudo isso porque alguns loucos queriam ir até a Lua? Demos – ao que nos parece – exemplos sobejamente convincentes daquilo que já estamos devendo hoje à pesquisa da cosmonáutica – ainda apenas como subprodutos –, a começar por utensílios de uso diário até complexos instrumentos médicos, que, dia por dia e hora por hora, em todo o mundo, estão salvando a vida de inúmeras pessoas.

A supertécnica que se encontra em evolução realmente não é um flagelo para a humanidade. Leva-a com botas de sete léguas para o futuro, que se reinicia, dia após dia.

Tive a oportunidade de pedir a Wernher von Braun uma tomada de posição quanto às hipóteses aqui apresentadas:

Dr. Von Braun, julga o senhor possível que venhamos a encontrar vida em outros planetas de nosso sistema solar?

Julgo possível encontrarmos no planeta Marte formas vitais inferiores.

Julga o senhor possível não sermos as únicas inteligências no Universo?

Julgo perfeitamente provável que existam não apenas vida vegetal e animal, mas também seres inteligentes nos espaços imensos do Universo. A descoberta de tal vida é missão altamente fascinante e interessante, porém, à vista das enormes distâncias entre o nosso e outros sistemas solares e das distâncias ainda maiores entre nossa galáxia e outros sistemas galácticos, é complicado dizer se conseguiremos detectar tais formas de vida ou com elas entrar em contato direto.

Será concebível que em nossa galáxia vivam ou tenham vivido inteligências mais antigas, tecnicamente mais avançadas?

Até agora não temos provas ou indícios de que seres vivos mais antigos e tecnicamente mais avançados do que nós vivam ou tenham vivido em nossa galáxia. Com base em considerações estatísticas e meditações filosóficas, porém, estou convencido da existência de tais seres vivos avançados. Devo, no entanto, acentuar que não dispomos de qualquer base científica sólida para essa convicção.

Existe a possibilidade de que uma inteligência mais antiga tenha feito uma visita à Terra, na distante Antiguidade?

Não quero refutar essa possibilidade. Na extensão, porém, em que eu tenha conhecimento, estudo arqueológico algum forneceu, até agora, qualquer base para tais especulações.

Aqui terminou o diálogo com o muito atarefado "Pai dos Saturnos". Lamentavelmente, não pude apresentar-lhe detalhadamente a abundância das singulares descobertas e das estranhas informações que livros antigos nos legaram como enigmas não solucionados, nem discutir com ele os muitos problemas que decorrem de certos achados arqueológicos, desde que contemplados sob o ponto de vista atual da cosmonáutica.

12 O futuro

Fábricas do pensamento asseguram o futuro

Para os velhos profetas era mais fácil

Fecha-se o anel

Onde estamos hoje?

O homem chegará a conquistar o espaço cósmico?

Seres alienígenas da profundidade do Cosmo visitaram a Terra na obscura Antiguidade?

Em alguma parte do Universo, inteligências alienígenas tentam entrar em contato conosco?

É a nossa época, com suas descobertas que violentamente adentram o futuro, realmente tão terrível?

Deveriam ser guardados em segredo os resultados mais audaciosos da pesquisa?

Encontrarão a Medicina e a Biologia possibilidades para fazer reviver o homem profundamente congelado?

Homens da Terra colonizarão novos planetas?

Vão acasalar-se com criaturas alienígenas?

Criarão os homens uma segunda, terceira, quarta... Terra?

Robôs especiais substituirão algum dia os cirurgiões?

Serão os hospitais, no ano 2100, depósitos de peças sobressalentes para homens defeituosos?

Em um futuro remoto, poderá a vida do homem ser prolongada por tempo indeterminado com corações, pulmões, rins etc. artificiais?

Algum dia se tornará realidade o "Admirável Mundo Novo", de Huxley, em toda a sua improbabilidade e frieza?

O conjunto de tais perguntas poderia assumir a extensão da lista telefônica de uma grande metrópole. Não passa dia em que em algum lugar do mundo não se faça uma invenção inesperada. Cada dia uma pergunta do conjunto das impossibilidades é riscada por haver sido respondida. A Universidade de Edimburgo recebeu do Fundo Nuffield um primeiro subsídio de 270 mil libras para o desenvolvimento de um computador inteligente. O protótipo desse computador foi induzido a dialogar com um paciente, e o paciente, depois do diálogo, não quis acreditar que estivera falando com uma máquina! O prof. dr. Michie, construtor desse computador, afirmou que sua máquina estava começando a desenvolver vida pessoal...

A nova ciência chama-se Futurologia! Seu alvo é o planejamento e a minuciosa pesquisa e compreensão do futuro em todos os caminhos técnicos e mentais disponíveis. Fábricas de pensamento surgem em todas as partes do mundo; não são senão mosteiros dos cientistas de hoje, que pensam para o amanhã. Só na América trabalham 164 de tais fábricas de pensamento. Aceitam tarefas dos governos e da grande indústria. A fábrica de pensamento mais famosa é a da Rand Corporation, em Santa Mônica, Califórnia. A Força Aérea dos Estados Unidos foi responsável por sua fundação, em 1945. Motivo: as altas patentes militares desejavam um programa de pesquisas para a estratégia de guerra intercontinental. No centro de pesquisas, de dois andares, instalado ampla e magnificamente, trabalham atualmente 843 capacidades científicas selecionadas. Foi nesse edifício que nasceram as primeiras ideias e os primeiros planos para os fundamentos das aventuras mais inverossímeis da humanidade. Já em 1946, cientistas da Rand calcularam a utilidade militar de uma nave espacial. Quando a Rand, em 1951, desenvolveu o programa de diversos satélites, ele foi considerado fantasioso. Desde que a Rand começou a trabalhar, o mundo deve a esse centro de pesquisa 3 mil relatórios exatos sobre fenômenos até então desconhecidos. Os cientistas da Rand publicaram mais de 110 livros, que impulsionaram grandemente nossa cultura e civilização.

Não é previsível um epílogo nesse trabalho de pesquisa, e, provavelmente, não o haverá.

Tarefas semelhantes, vislumbrando o futuro, são desenvolvidas também nos seguintes institutos:

Hudson Institute, em Harmon-on-Hudson, N.Y.; Tempo Center for Advanced Studies, da General Electric, em Santa Bárbara, Califórnia; Arthur Little Institute, em Cambridge, Massachusetts; e Batelle Institute, em Columbus, Ohio.

Governos e empresas de vulto já não podem passar sem esses pensadores do futuro. Os governos têm de predeterminar seus planejamentos militares em longo prazo; as grandes empresas devem pré-calcular seus investimentos para decênios. A Futurologia tem de planejar o desenvolvimento de grandes metrópoles para cem e mais anos.

Equipados com o saber de hoje, não é difícil calcular de antemão, por exemplo, o desenvolvimento do México para os 50 anos vindouros. Numa predição dessas seriam levados em consideração todos os fatores imagináveis, como a técnica atual, os meios de comunicação e transporte, as tendências políticas e os eventuais adversários potenciais do México. Uma vez que tal prognóstico nos é hoje possível, há 10 mil anos uma inteligência extraterrestre poderia ter feito semelhante previsão também para o planeta Terra.

A humanidade tem a obrigação de imaginar e pesquisar com antecedência o futuro, mediante todas as possibilidades à sua disposição. Sem esse estudo do futuro, provavelmente não teríamos chance alguma de decifrar nosso passado. Pois quem sabe se nos locais de achados arqueológicos existem indícios importantes para a decifração de nosso passado, os quais estamos pisoteando, desatentos, porque não sabemos interpretá-los?

Por isso, justamente por isso, propusemos um "Ano Arqueológico Fantástico". Como não "acreditamos" totalmente na sabedoria dos velhos esquemas mentais, também não exigimos que nossas hipóteses mereçam "crédito". Esperamos e almejamos, isto sim, que nossa época esteja logo amadurecida para atacar, sem preconceitos, os enigmas do passado mediante o auxílio da mais requintada tecnologia.

> Não temos culpa de que no Universo existam milhões de outros planetas...
>
> Não somos responsáveis pelo fato de a estátua japonesa de Toko-mai, de muitos milhares de anos, ostentar em seu capacete fechos modernos e viseiras... Nem pela existência do relevo de pedra de Palenque...
>
> Menos ainda somos culpados se o almirante Piri Reis não queimou seus velhos mapas e se os livros antigos e as tradições da História da Humanidade apresentam tantos aspectos desconcertantes...
>
> ...Porém teremos culpa se, sabendo de tudo isso, não o levarmos em consideração, não o levarmos a sério!

O homem tem diante de si um futuro grandioso, que superará seu grandioso passado. Precisamos da pesquisa do espaço cósmico, da pesquisa do futuro e de coragem para começar projetos que pareçam impossíveis. Por exemplo, o projeto de uma bem coordenada pesquisa do passado, capaz de trazer-nos recordações preciosas do futuro. Recordações que, então, terão sido comprovadas e que, sem a necessidade de apelar para que nelas se creia, esclarecerão a História da Humanidade. Como uma bênção para as gerações futuras.

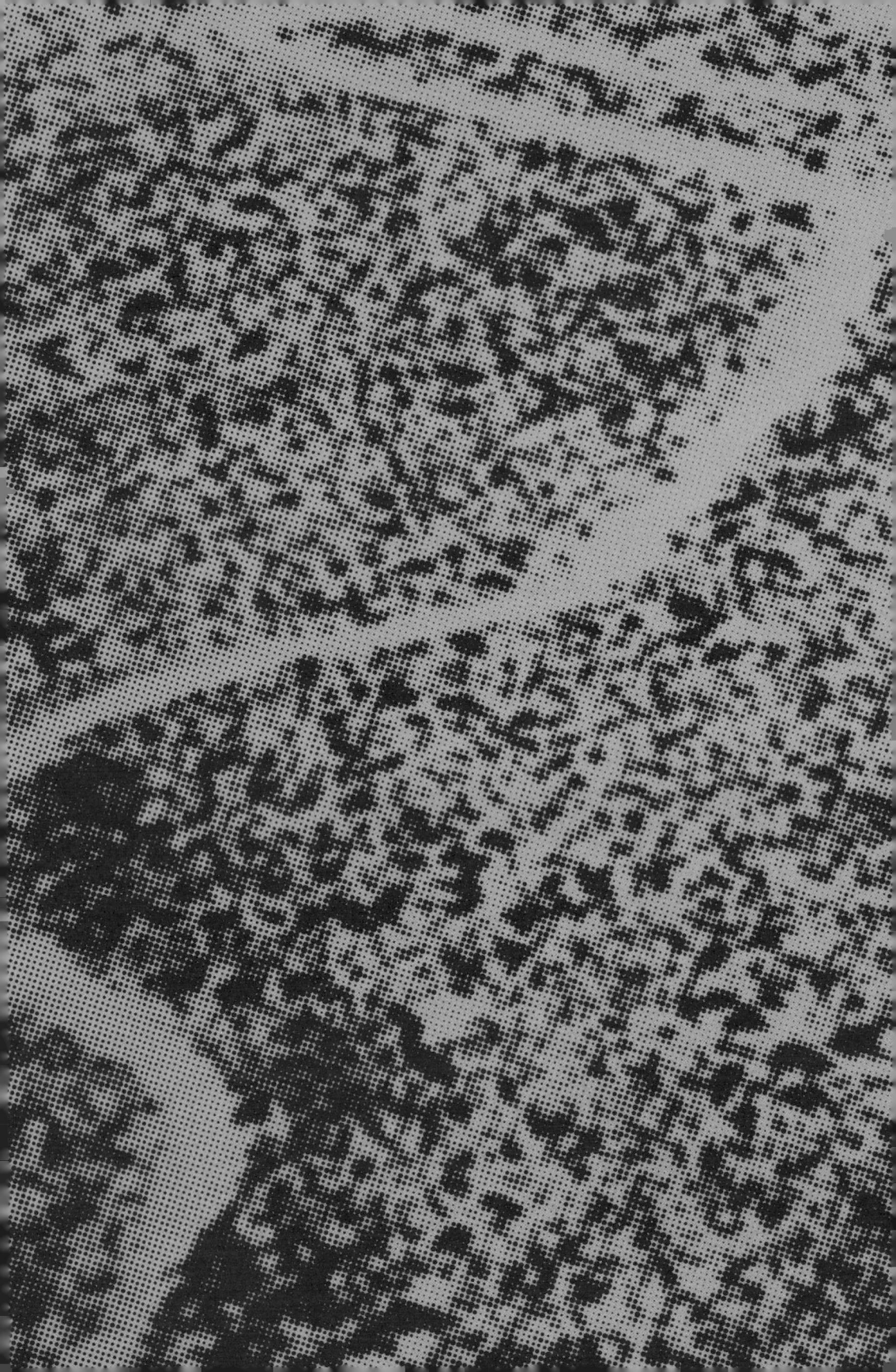

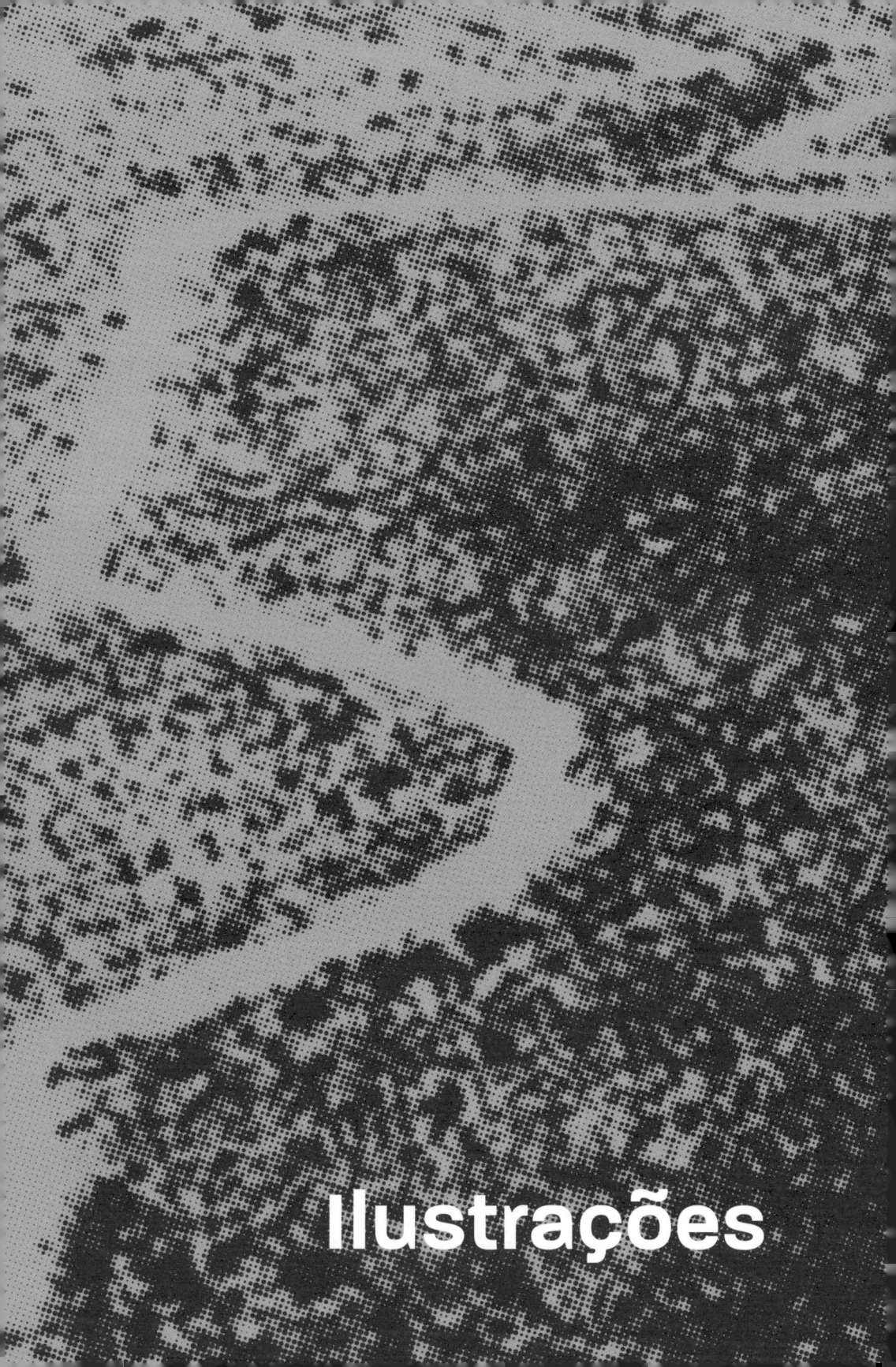

Ilustrações

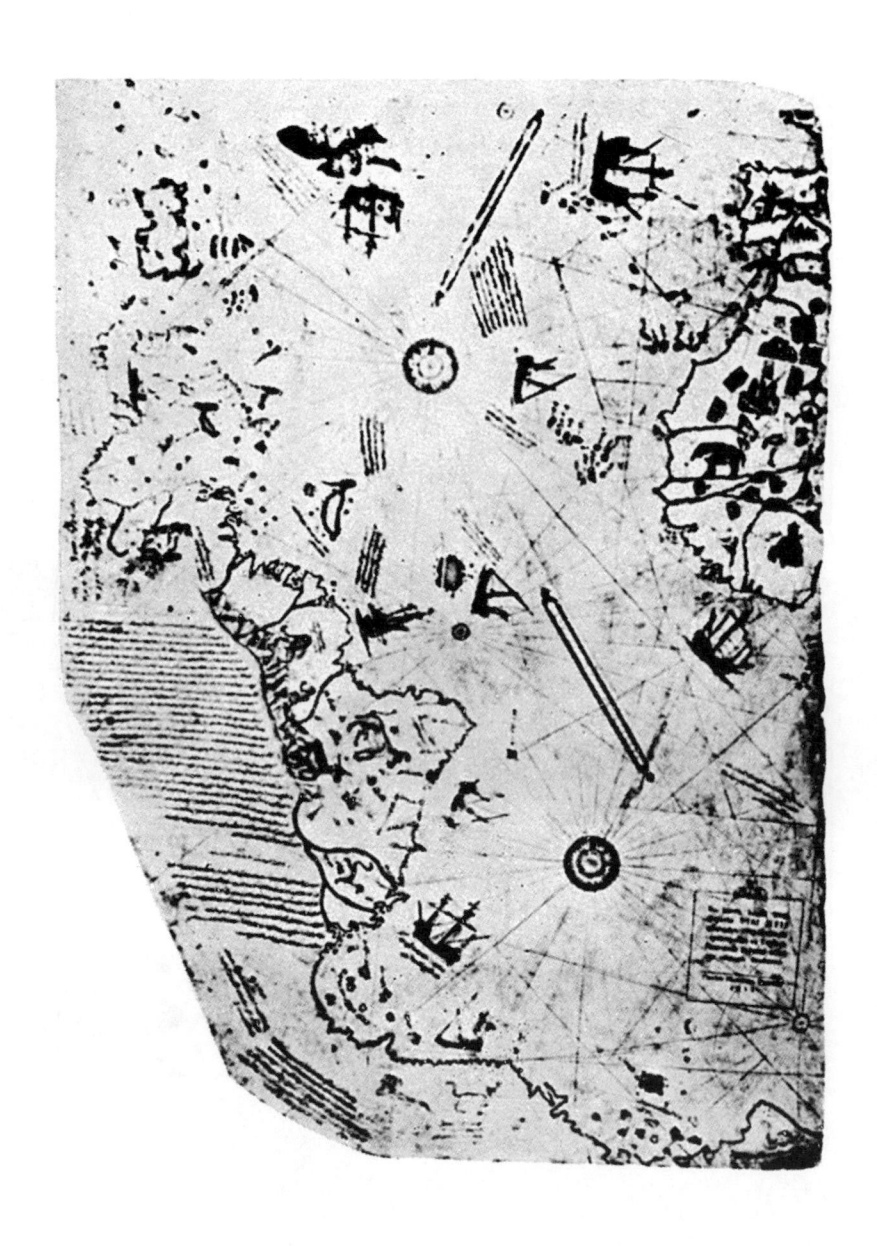

1 – Um dos mapas que, na primeira metade do século XVIII, foram achados no palácio (museu) de Topkapi, Istambul, entre os livros do almirante turco Piri Reis (século XVI). Esse mapa mostra as Américas e o oeste da África. A região Antártica, representada na parte inferior do mapa, corresponde quase perfeitamente à massa de terra que jaz há milênios sob espessa camada de gelo e que só recentemente foi revelada por meio de equipamentos especiais registradores de ondas sonoras refletidas. Essa região está totalmente coberta de gelo desde antes do início da História.

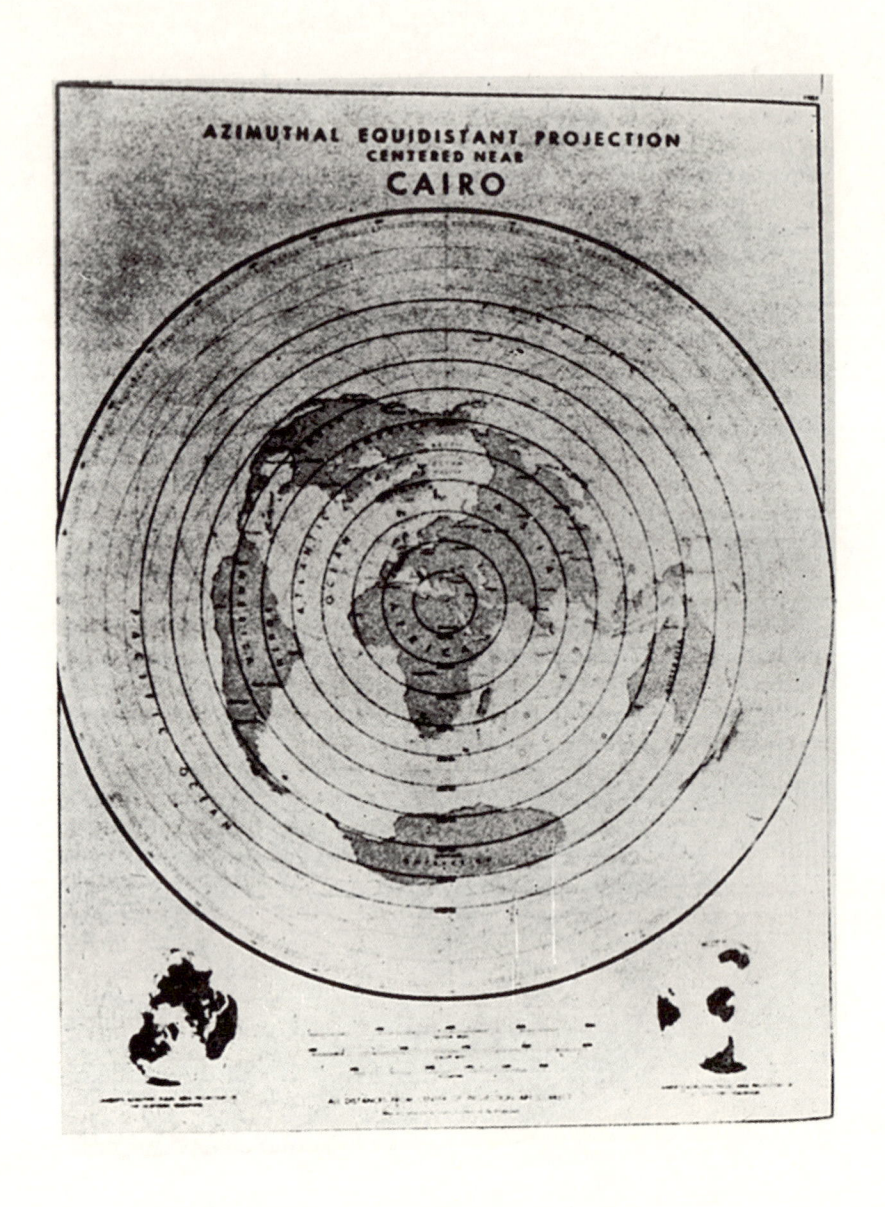

2 – Cartógrafos, valendo-se de apropriado gradiente, transferiram os dados do mapa de Piri Reis para um globo moderno. O resultado foi virtualmente idêntico a um mapa-múndi da Força Aérea americana, em projeção equidistante do Cairo, tomado como ponto central.

3 – A fotografia da Terra, tomada a bordo da cápsula Apollo 8, é surpreendentemente semelhante ao mapa de Piri Reis. A curiosa forma alongada das duas Américas desperta imediatamente a atenção, quer na fotografia, quer no mapa.

4 – Vista aérea da planície de Nazca, Peru; as marcas no solo rochoso (estradas dos incas, de acordo com os arqueólogos) não conduzem a parte alguma.

5 – As marcas no solo rochoso de Nazca, vistas do alto, com maior aproximação.

6 – Outra das estranhas marcas no solo da planície de Nazca. Faz lembrar a marcação que se usa nas pistas dos aeroportos atuais.

7 – Esse imenso desenho, de 250 metros de altura, gravado em rocha sobranceira à Baía de Pisco, aponta a direção em que se encontra a planície de Nazca. Seria um balizamento para astronaves, em vez de símbolo de significação religiosa?

8 – Velho Templo Maia das Inscrições, situado em Palenque, México.

9 – Na face interior da parede de uma das pequenas câmaras há essa gravação em relevo. Não há espaço para tirar uma fotografia frontal de todo o relevo, mas percebem-se pormenores suficientes para um cotejo de parte da gravação com o desenho que a reproduz, a seguir.

10 – Este desenho foi feito no interior do templo. Poderia a imaginação de seres pré-históricos criar algo tão semelhante a um astronauta moderno em sua cápsula espacial? Veja a foto seguinte.

11 – Astronautas americanos em voo espacial posicionam-se atualmente da mesma forma que a mostrada na gravação do templo pré-histórico. Eles também acionam controles e mantêm os olhos fixos nos aparelhos de medição.

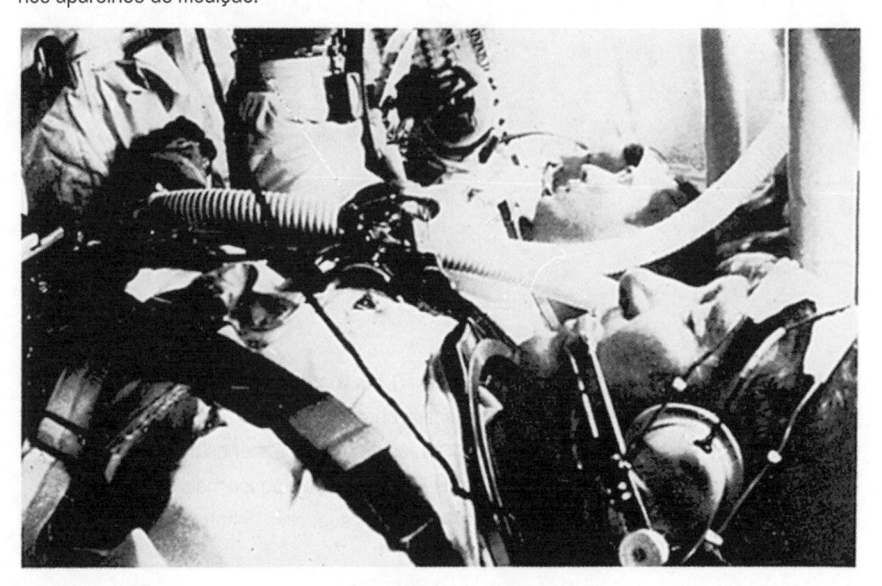

12 – Em 1964, um agenciador de apostas (bookmaker), em Londres, anunciou que pagaria na base de 1.000 por 1 a quem apostasse que o homem chegaria à Lua antes de 1970. Menos de cinco anos depois, ele pagou um total de 10.000 libras esterlinas. E, menos de uma quinzena depois, os americanos divulgavam fotografias de Marte, tiradas a pouco mais de 3 mil quilômetros de distância do planeta vermelho. As viagens espaciais tinham ultrapassado definitivamente a fase da ficção científica.

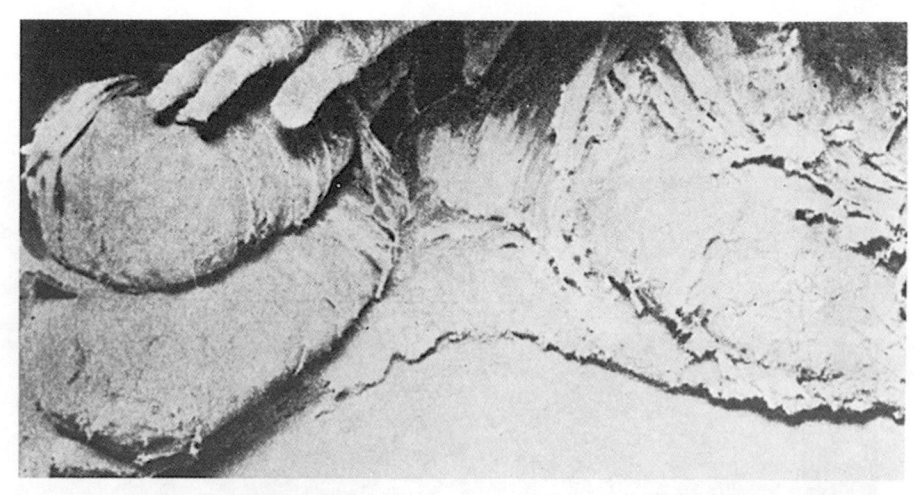

13 – Múmia da época da Segunda Dinastia.

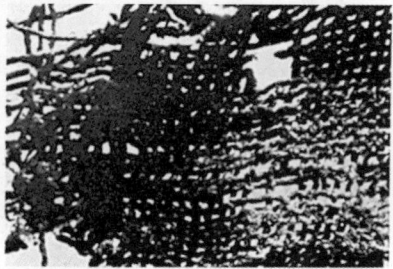

14 – *Em cima, à esquerda:* Com rolos de madeira e tração exclusivamente humana, teriam sido necessários 600 anos para colocar no lugar os 2,5 milhões de blocos que constituem a Grande Pirâmide de Quéops.

15 – *Em cima, à direita:* Parte de um tecido de finíssima tessitura. De onde conseguiram os egípcios, em épocas remotíssimas, tão complexas técnicas?

16 – *Ao lado:* Como no Peru, aqui nos defrontamos com justaposições fantasticamente perfeitas de blocos imensos de rocha viva.

17 – Esse templo, descoberto em Copán, Honduras, foi construído em harmonia com o calendário maia. Os 52 anos do ciclo do calendário correspondem aos 52 degraus dessa escadaria.

18 – *Acima:* A História nada registrou sobre Tiahuanaco. Na Porta do Sol, lavrada em um só bloco rochoso de 10 toneladas, há a representação de um "deus" voador, flanqueado por 48 figuras misteriosas. A lenda menciona uma espaçonave dourada que veio das estrelas.

19 – *Ao lado:* No Grande Ídolo, registraram-se dados astronômicos que cobrem imenso período de tempo.

20 – *Abaixo:* Que povo primitivo teria sido tão avançado tecnologicamente, a ponto de poder construir, mover, assentar e unir estes imensos blocos de pedra, aparentemente destinados à construção de aquedutos?

21 – "O Castelo", em Chichén Itzá, México. Essa edificação também foi erguida em harmonia com o calendário maia. São 91 degraus em cada um dos quatro lados, totalizando, portanto, 364 degraus. Com a plataforma superior, comum aos quatro lados, chegamos a 365 degraus... e dias!

22 – Na Bolívia, perto de Santa Cruz, encontram-se essas alongadas construções de alvenaria. Poderiam, realmente, ter sido estradas para um povo que não usava rodas?

23 – Submerso no mar durante muitos séculos, este objeto não parecia ter maior importância. Foi encontrado nas proximidades de Antikythera, por mergulhadores gregos, em 1900.

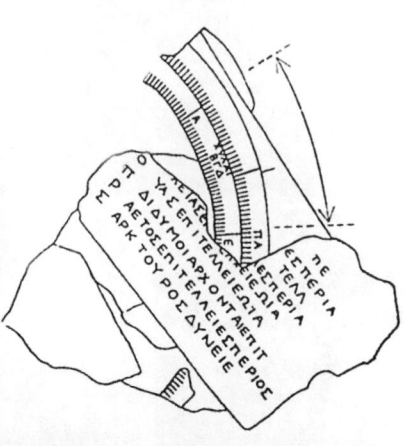

24 – Longo e paciente trabalho de limpeza no objeto revelou um complicado conjunto de engrenagens e escalas que foi identificado como um planetário. A máquina traz gravado o ano de sua fabricação, que corresponde a 82 antes de Cristo. O desenho acima reconstrói apenas uma parte da máquina completa.

25 – A Ilha de Páscoa era designada o "Centro do Mundo" por seus primitivos habitantes. As gigantescas estátuas encontradas na minúscula ilha rochosa são extraordinárias. Mais extraordinário ainda é o fato de esse povo totalmente isolado ter tido escrita própria, cujos símbolos, até hoje indecifrados, podem ser vistos nessa imagem.

26 – Essa antiga coluna de ferro não se oxida. Sua idade não pode ser estabelecida com exatidão, mas atinge certamente várias centenas de anos.

27 – Plaqueta encontrada nas ruínas de Babilônia, que registra inúmeros
eclipses, já verificados ou ainda por ocorrer.

28 – Essa plaqueta, igualmente assíria, procede do princípio do primeiro milênio antes de Cristo. O objeto central é interpretado como uma "árvore sagrada". Mas poderia ser igualmente identificado como representação simbólica de uma estrutura atômica, tendo acima o desenho de um astronauta em sua flamejante espaçonave. Efetivamente, pode ser observado na parte superior um círculo alado, com asas laterais e a representação de um exaustor de foguete em sua base: um ser, não identificado, ocupa o interior do círculo.

29 – Essa plaqueta, procedente da Assíria e datada de 3.000 anos antes de Cristo, mostra o deus Shamasi. Está pontilhada de estrelas e mostra algumas figuras que usam uma espécie de capacete. Por que se associavam às estrelas tantas imagens de deuses primitivos?

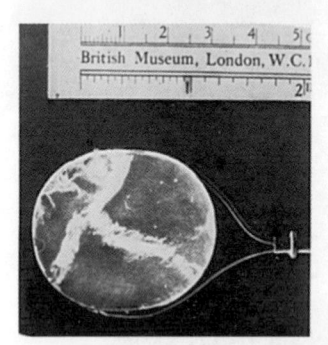

30 – Lente de cristal, assíria, do sétimo século antes de Cristo. Uma lente como essa só pode ser cortada e polida de acordo com fórmula matemática altamente complexa. De onde conseguiram os assírios tal conhecimento?

31 – Esses antiquíssimos fragmentos, conservados no Museu de Bagdá, foram identificados como restos de uma bateria elétrica.

32 – Vista parcial de imenso bloco monolítico com peso aproximado de 20 mil toneladas. Encontra-se em Sacsayhuaman, no Peru. Qual teria sido sua finalidade? Que forças, de titânico poder, colocaram-no de cabeça para baixo?

33 – A que conduziam esses imensos degraus de pedra? Talvez a um trono de gigantes.

34 – A vitrificação de rochas exige altíssimas temperaturas. Quais as causas das vitrificações encontradas nessas rochas peruanas?

35 e 36 – Vistas parciais da gigantesca muralha que sustenta a plataforma de Sacsayhuaman. Observe-se a incrível exatidão com que se encaixaram os blocos irregulares de pedra. Como podiam os povos pré-históricos trabalhar e manejar esses imensos blocos?

37 – *À esquerda:* Desenhos rupestres da Rodésia. Essa figura reclinada está revestida de uma cota de malhas e usa curioso capacete. Talvez registre o funeral de um rei. Mas também poderá ter registrado a entrega de suprimentos a um astronauta.

38 – *À direita:* Desenho rupestre da África do Sul que mostra um ser branco trajando casaco de mangas curtas, calção, ligas e pantufas. Desconcertante exemplo de uma imaginação por demais rica entre povos primitivos que viviam em completa nudez.

39 e 40 – *À esquerda:* Desenho encontrado por uma expedição russa. Note-se o que a figura usa na cabeça. *À direita:* Esse desenho, encontrado em Val Camonica, Itália, novamente demonstra a extraordinária observação do homem pré-histórico por figuras revestidas de trajes especiais (espaciais?) e com as cabeças cobertas por estranhos capacetes, inexistentes na época.

41 – Antigo desenho encontrado em Navoy. A mesma sugestão de sempre, em todas as partes do mundo.

42 – Desenho encontrado em Fergana, Uzbequistão.

43 – Um astronauta de nossos dias. Talvez tenha sido algo assim que os artistas pré-históricos viram e tentaram documentar em pinturas e relevos rupestres, que rochas indestrutíveis guardariam para a posteridade.

44 – Desenho encontrado em Tassili, Saara.

Índice das Ilustrações

As ilustrações encontram-se entre as páginas 213 e 232.

1 – Um dos mapas de Piri Reis. *Ilustração extraída de* Maps of the Ancient Sea Kings, *do prof. Charles Hapgood, publicado por Chilton Books.*

2 – Mapa do globo terrestre, em projeção equidistante da cidade do Cairo, Egito. *Fotografia: Força Aérea dos Estados Unidos da América.*

3 – A Terra, vista da cápsula Apollo 8. *Fotografia: Nasa.*

4 – Estradas que não levam a parte alguma? A planície de Nazca. *Ilustração extraída do livro* Peru, *de G. H. S. Bushnel, editado por Thames & Hudson.*

5 – Detalhe das estranhas marcações existentes na planície de Nazca. *Fotografia: prof. Marcel Homet.*

6 – Outra das estranhas marcas no solo da planície de Nazca.

7 – Imenso desenho gravado em rocha sobranceira na Baía de Pisco.

8 – Velho Templo das Inscrições Maia, em Palenque.

9 – Relevo em pedra, no interior do Templo das Inscrições. *Ilustração extraída do livro* Fair Gods and Stone Faces, *de Constance Irvin, editado por W. H. Allen.*

10 – Reprodução, em detalhado desenho, do relevo em pedra existente no interior do Templo das Inscrições.

11 – Astronautas a bordo da cápsula Apollo 7, no momento do lançamento. *Fotografia: Serviço de Informações dos Estados Unidos* (Usis).

12 – Primeira descida do homem na Lua. *Fotografia: Nasa.*

13 – Múmia da época da Segunda Dinastia. *Fotografia: prof. W. B. Emery.*

14 – A Pirâmide de Quéops. *Fotografia: Secretaria de Turismo do Egito.*

15 – Parte de um tecido egípcio, de finíssima tessitura. *Fotografia: Royal Anthropological Institute, da Grã-Bretanha.*

16 – Pormenores da justaposição de blocos de pedra no Templo do Vale de Kuy Chepeven, em Gizé. *Fotografia: Hirmer Fotoarchiv, Munique.*

17 – O Templo de Copán, em Honduras. *Fotografia: Hispanic Council.*

18 – A Porta do Sol, em Tiahuanaco.

19 – O Grande Ídolo de Tiahuanaco. *Fotografia: P. Allan.*

20 – Condutores de água lavrados em pedra em Tiahuanaco.

21 – "O Castelo", em Chichén Itzá, México.

22 – Antigos canais de pedra, na Bolívia. *Fotografia: prof. Mareei Homet.*

23 – Fragmento de um planetário do século I antes de Cristo, encontrado entre os restos de navio naufragado nas proximidades de Antikythera. *Fotografia: Museu Nacional, Atenas.*

24 – Desenho de alguns detalhes do fragmento de planetário. *Prof. J. de Solla Price.*

25 – Inscrições da Ilha de Páscoa, ainda não decifradas.

26 – Coluna de ferro inoxidável, no interior das ruínas de antiga mesquita de Nova Délhi. *Fotografia: Secretaria de Turismo da Índia.*

27 – Plaqueta procedente das ruínas da Babilônia, que registra eclipses já verificados e por ocorrer. *Fotografia: Museu Britânico.*

28 – Outra plaqueta assíria (primeiro milênio antes de Cristo).

29 – Plaqueta procedente da Assíria mostra o deus Shamasi.

30 – Lente de cristal assíria (século VII antes de Cristo). *Fotografia: Museu Britânico.*

31 – Bateria elétrica da Antiguidade. *Fotografia: Museu de Bagdá.*

32 – Bloco monolítico pesando 20 mil toneladas, em Sacsayhuaman.

33 – Outro bloco monolítico, no mesmo local.

34 – Vitrificação de rochas no Peru.

35 e 36 – Gigantesca muralha de sustentação de plataforma em Sacsayhuaman. *Fotografia: Arped Elfer.*

37 e 38 – Desenhos rupestres na Rodésia e na África do Sul. *Fotografia: Secretaria de Turismo da Rodésia e Serviço de Informações da África do Sul.*

39 e 40 – Antiquíssimos desenhos rupestres na Itália, na Rússia e no Tibete.

41 – Antigo desenho encontrado em Navoy.

42 – Desenho encontrado em Fergana, Uzbequistão.

43 – Traje espacial usado para exploração da Lua. *Fotografia: Serviço de Informações dos Estados Unidos (Usis).*

44 – Desenho rupestre em Tassili, Saara. *Ilustração extraída do livro* Die Felsbilder des Saharas, *de H. Lothe, editado por Zettner Verlag.*

O *Illustration Research Service* colaborou apreciavelmente na compilação das ilustrações. As imagens cuja procedência ou autoria não se encontram expressas na relação acima foram fornecidas pelo próprio autor.

Bibliografia

Nesta relação estão indicadas todas as obras em que se apoia este livro, assim como obras em que pode ser encontrado material complementar às teses e concatenações de ideias do autor.

Allen' T. *The Quest* (Chilton Books, 1965)

Bacon' E. *Auferstandene Geschichte* (Orell Füssli, 1964)

Bass, G. F. *Archäologie unter Wasser* (Lübbe, 1966)

Betz' O. *Offenbarung und Schriftforschung der Qumransekte* (Mohr, 1960)

Boschke, F. L. *Erde von anderen Sternen* (Econ, 1965)

Von Braun, W. *The Next 20 Years of Interplanetary Exploration* (Marshall Space Flight Center, 1965)

Burrows, M. *Mehr Klarheit über die Schriftrollen* (Beck, 1958)

Charroux, Robert. *Phantastische Vergangenheit* (Herbig, 1966)

Charroux, Robert. *Verratene Geheimnisse* (Herbig, 1967)

Clark' Gr. *Die ersten 500000 Jahre* (De: Die Welt aus der wirkommen, Knaur, 1961)

Clarke, Arthur C. *Über den Himmel hinaus* (Econ, 1960)

Clarke, Arthur C. *Im höchsten Grade phantastisch* (Econ, 1963)

Clarke, Arthur C. *Eine neue Zeit brich an* (Econ, 1968)

Cordan, W. *Das Buch des Rates, Mythos und Geschichte der Maya* (Diederichs, 1962)

Conttrel, L. *Die Schmiede der Zivilisation* (Diana, 1962)

Cyril' A. *Gott-Könige besteigen den Thron* (De: Die Welt aus der wirkommen, Knaur, 1961)

Dupont, A. *Les Écrits Esséniens Dévouverts près de la Mer Morte* (Payot, 1959)

Dutt, M. Nath. *Ramayana* (Calcutá, 1891)

Einstein, A. *Grundzüge der Relativitätstheorie* (Vieweg, 1963)

Fallaci' O. *Wenn die Sonne stirbt* (Econ, 1966)

Hapgood, Ch. H. *Maps of the Ancient Sea Kings* (Chilton Books, 1965)

Heindel, M. *Die Weltanschauung der Rosenkreuzer* (Rosenkreuzer Zürich)

Heródoto. *Histórias*, Livros I-IX

Hertel, J. *Indische Märchen* (Diederichs, 1961)

Heyerdahl, Th. *Aku-Aku* (Ullstein, 1957). Tradução em português: *Aku-Aku: O segredo da Ilha de Páscoa* (Editora Melhoramentos, edição esgotada)

Hoenn, K. *Sumerische und akkadische Hymnen und Gebete* (Artemis, 1953)

Keller' W. *Und die Bibel hat doch recht* (Econ, 1955). Tradução em português: *E a Bíblia tinha razão...* (Editora Melhoramentos)

Kramer, S. N. *Geschichte beginnt mit Sumer* (List, 1959)

Kühn, H. *Wenn Steine reden* (Brockhaus, 1966)

Ley, Willy. *Die Himmelskunde* (Econ, 1965)

Lhote, H. *Die Felsbilder der Sahara* (Zettner, 1958)

Lohse, E. *Die Texle aus Qumran* (Kösel, 1964)

Lovell, Sir B. *Neue Wege zur Erforschung des Weltraums* (Vandenhoek & Ruprecht, s. d.)

Mallowan, M. E. L. *Geburt der Schrift, Geburt der Geschichte* (De: Die Weltaus der wir kommen, Knaur, 1961)

Mason, J. A. *Das alte Peru* (Kindler, 1965)

Mellaart, J. *Der Mensch schlügt Wurzel* (De: Die Welt aus der wir kommen, Knaur, 1961)

Pakraduny, T. *Die Welt der geheimen Machte* (Tiroler Graphik,1952)

Pauwels, J. e Bergier, J. *Aufbruch ins dritte Jahrtausend* (Scherz, 1962)

Pauwels, J. e Bergier, J. *Der Planet der unmöglichen Möglichkeiten* (Scherz, 1968).Tradução em português: *O planeta das possibilidades impossíveis* (Editora Melhoramentos, edição esgotada)

Prause, G. *Niemand hat Kolumbus ausgelacht* (Econ, 1966)

Reiche, M. *The Mysterious Markings of Nazca* (Nova York, 1947)

Reiche, M. *Mystery on the Desert* (Lima, 1949)

Roy, P. Ch. *Mahabharata* (Calcutá, 1889)

Rüegg, W. *Kulte und Orakel im altem Ägypten* (Artemis, 1960)

Rüegg, W. *Zauberei und Jenseitsglauben im alten Ägypten* (Artemis, 1961)

Rüegg, W. *Die ägyptische Götterwelt* (Artemis, 1959)

Sänger, E. *Raumfahrt, heute, morgen, übermorgen* (Econ, 1963)

Santa delea, E. *Viracocha* (Bruxelas, 1963)

Schenk, G. *Die Grundlagen des XXL Jahrhunderts* (DeutscheBuchgemeinschaft, 1965)

Schwarz, G. Th. *Archäologen an der Arbeit* (Franke, 1965)

Shapley, H. *Wir Kinder der Milchstrasse* (Econ, 1965)

Shklovskij, I. S. e Sagan, C. *Intelligent Life in the Universe* (Holden-Day-Inc., 1966)

Sugrue, Th. *Edgar Cayce* (Dell Books, 1957)

Sullivan, Walter. *Signale aus dem All* (Econ, 1966)

Teilhard de Chardin, P. *Die Entstehung des Menschen* (Beck, 1963)

Teilhard de Chardin, P. *Die Zukunft des Menschen* (Walter, 1963)

Teilhard de Chardin, P. *Der Mensch im Kosmos* (Beck, 1965)

Tozzer, A. M. *Chichn Itz and its Cenote of Sacrifice* (Memoirs of the Peabody Museum, Cambridge, 1957)

Velikovsky, I. *Worlds in Collision* (Doubleday & Co, 1950). Tradução em português: *Mundos em colisão* (Editora Melhoramentos, edição esgotada)

Watson, W. *Im Bannkreis von Cathay* (De: Die Welt aus der wirkommen, Knaur, 1961)

Wauchope, R. *Implications of Radiocarbon Dates, from Middle and South America* (Tulane University, 1954)

Ziegel, F. Y. *Nuclear Explosion over the Taiga* (US-Dep. of Commerce, Office of Technical Services, 1962)

Esta obra foi composta em Kepler Std
e Paralucent e impressa em papel
Chambril Avena 70 g/m² pela Rettec.